# 科技预见未来

主　编　李睿深　解红雨　郝英好

副主编　严晓芳　赵　楠　计宏亮　曾倬颖

　　　　商志刚　缐珊珊　白　蒙　陈　茜

電子工業出版社

Publishing House of Electronics Industry

北京・BEIJING

## 内 容 简 介

本书是一本高度浓缩的介绍当前科技热点的科普读物，内容涵盖了虚拟现实技术、自动驾驶技术、机器人技术、量子技术、区块链技术、基因编辑技术、网络技术、碳捕捉技术、神经形态技术、3D 打印、无人机技术、新能源互联网等高新技术。既简明扼要介绍了相关技术的内涵，又分析了这些技术对未来经济、产业和社会的影响。以期为读者如何分析行业发展状况，如何判断哪些行业是符合未来发展趋势的，起到抛砖引玉的启迪。

本书主要面向科研工作者、科技爱好者、产业研究人员以及大学生创业者。



**图书在版编目（CIP）数据**

科技预见未来/李睿深，解红雨，郝英好主编. —北京：电子工业出版社，2017.1
ISBN 978-7-121-30665-5

Ⅰ. ①科… Ⅱ. ①李… ②解… ③郝… Ⅲ. ①自然科学—普及读物 Ⅳ. ①N49

中国版本图书馆 CIP 数据核字（2016）第 308427 号

策划编辑：李　洁
责任编辑：李　洁
印　　刷：北京盛通商印快线网络科技有限公司
装　　订：北京盛通商印快线网络科技有限公司
出版发行：电子工业出版社
　　　　　北京市海淀区万寿路 173 信箱　邮编 100036
开　　本：720×1 000　1/16　印张：17　字数：253 千字
版　　次：2017 年 1 月第 1 版
印　　次：2023 年 9 月第 7 次印刷
定　　价：79.00 元

凡所购买电子工业出版社图书有缺损问题，请向购买书店调换。若书店售缺，请与本社发行部联系，联系及邮购电话：（010）88254888，88258888。

质量投诉请发邮件至 zlts@phei.com.cn，盗版侵权举报请发邮件至 dbqq@phei.com.cn。

本书咨询联系方式：lijie@phei.com.cn。

# 序言 / Preface

未来是确定的，还是不确定的？我们能否超越时间的羁绊，预览未来的世界？

我们不妨回顾一下《科学美国人》1991 年的秋季特刊，这是一期关于未来通信、计算机和网络的专刊，探讨了未来人类在网络空间中工作、娱乐及发展状况，今天的你一定会惊奇地发现，当年的预想在今天几乎全部实现！在被 25 年前科学家们精准预测所折服的同时，我们也会感叹，技术的发展永无止境，科技的发展不断加速，人类依靠科技改造世界的能力正在增强。虚拟现实、量子、机器人、基因编辑、新能源、3D 打印、空气捕捉等新技术层出不穷，令人眼花缭乱。

那么，我们能否找出未来科技的发展脉络，进而描绘未来的世界？

硅谷技术咨询服务公司恩德勒集团创始人罗布・恩德勒曾断言：“我们可能即将迎来一场可与 30 年前的个人电

脑革命相媲美的机器人革命。将来，在我们家中、在我们的汽车里、在工厂车间，更多的机器将取代我们人类。我认为，我们将看到另一起个人电脑革命式事件，从而淘汰我们现在的人机交互模式。我还认为，在意识到这些系统能让多少工作岗位变得过时后，人们将感到震惊。”

未来的技术，必将不断从前沿基础研究向宏观拓展、微观深入和极端条件方向交叉融合发展。人类对宇宙起源和演化、人脑与意识、暗物质与暗能量、微观物质结构、极端条件下的奇异物理现象、复杂系统等的认知将越来越深入，把人类对客观世界与主观世界的基本认知提升到前所未有的新高度。

这些认识成果的重要表现形式便是信息技术的高度发展。

未来的信息技术将呈现出“网络极大化、节点极小化”的基本特征，即无所不在的网络，将实体空间、虚拟空间融为一体，人、机、环境甚至人的意识皆被网络联接，虚拟空间和实体空间将因此统一于信息，它们是“空间”概念的一体两面，是不可分割的，“空间”被感知、控制的基础则是“空间”被人的意识“信息化”。另一方面，随着人类技术的不断演进，作为网络节点的各类客观实在，将呈现出越来越小的发展趋势，纳米将成为技术实现的基本尺度，微系统将成为功能实现的基本单元。

1. “网罗一切”

未来，网络将更加深入蓬勃发展，全方位改变人类的生产生活。新一代信息技术将实现从人与人、人与物、物与物、人与服务互联向“网罗一切”发展，提供丰富高效的工具与平台。无时不在、无处不在的网络信息环境，对人们的交流、生活和工作需求做出全方位、智能化的响应，推动人类生产方式、商业模式、生活方式、学习和思维方式等发生深刻变革。

2. 时空压缩

未来世界的基本规律，在以光速传播的数据和信息作用下，实体空间和网络空间之间，以及两个空间之间内部的沟通将会越来越便捷、越来越迅速，传统意义上的“时间”的概念因感知、联接、数据和计算的大大发展等被不断“压缩”。也许那时候，过去、未来和现在都将成统一到“实时”的概念里，这里、那里的区别都将不再重要。工业社会的很多既有概念都将因此发生质的变化。

3. 虚实融合

未来世界关于“人”的基本定义将更加丰富，存在即有痕迹、联系即有信息，实体空间可观察痕迹；虚拟空间可搜索信息。未来世界的人类的活动、人类的财富、甚至社会关系，不仅仅在实体空间，更在虚拟空间得到极大扩充，实是“存在”，虚是“联系”，虚实融合是“关系”。人作为社会关系的总和，“虚实融合”的人类定义，必然生发出虚实融合的未来世界。

4. 协同共享

未来世界人的活动形式将更加深入地融入社会，信息时代已经使得人类进入了利益多元化和权力分散化的阶段，未来社会的各个领域，都将形成与多元利益主体密切协同的新型合作机制。这一方面有赖于各主体共享共通的价值观念；另一方面又取决于各主体通过合作关系实现各自的利益追求，而其根本实现手段将高度依赖信息技术的发展。

5. 深入智能

未来世界的繁荣将体现在更加深入的智能，这种智能，不仅仅是传统意义上生物智能的逻辑化和符号化，也不仅仅是人工智能的精确化和拟人化，而是人、机器、社会同在回路的群体性智能、体系性智能，我们将不再只是“站在巨人的肩膀上”，而是“站在全人类的智慧深处”。

细读本书，很多景象令人振奋，想必也会有人对此心怀忐忑。未来的不确定性使人惶恐，通过技术预见未来更令人着迷。但最重要的，是用科技的进步创造未来。“如果现在你不创造未来，那么未来你将生活在过去。”让我们一起拥抱科学、创造未来！

中国工程院院士：吴曼青

二〇一六年十二月二十日于北京

# 前言 / Foreword

由于在科技公司工作的原因，笔者经常接触和讨论当前最新的科技发展动态。当听说某项科技又取得重大进展的时候，高兴之余，也常常思考这项科技成果会对我们未来的生活产生怎样的影响，并急切地想与读者分享我们的想法，让更多的读者参与到我们的讨论中。于是《科技预见未来》一书面世了。我们希望将这样的分享继续下去，以后再出版第二版、第三版……希望读者和我们一起探讨科技与未来，同时分享日新月异的科技带给我们的无尽想象与希望。

本书是一本高度浓缩的科普读本，选取信息技术、量子技术、机器人技术、生物技术（基因编辑）、新能源技术（如海洋能、核能）、新材料（如石墨烯）、先进制造技术（如3D 打印）、环境科学技术（如空气捕捉）等技术领域，从技术的定义与进展、相关产业发展趋势、技术对经济和社会的影响等几个角度进行分析、预测和描绘我们的未来。采用通俗的语言，让普通读者无须耗费太多脑力也能看懂。读者在阅读之余，不妨大胆想象一下，10 年、20 年、50 年后的你将会生活在一个什么样的世界。你也可以把这些想法记录下来，等 10 年后再打开看看，或许你现在的想象就是未来的现实。

本书由李睿深、解红雨、郝英好主编，严晓芳、赵楠、曾倬颖、计宏亮、商志刚、缐珊珊、白蒙、陈茜等为副主编。第 1 章由李睿深负责，郝英好、陈茜参与编写。第 2～5、7、14、15、19 章由郝英好负责。第 6、11、12 章由曾倬颖负责。第 8、10 章由赵楠负责。第 13、17 章由计宏亮负责。第 9、16 章由商志刚负责。第 18 章由白蒙负责。严晓芳、缐珊珊对本书进行了初审，李睿深、解红雨对本书进行了全面指导。另外，在本书的编写中得到了很多领导和同事的大力支持，在此表示衷心感谢！

由于时间、精力和能力有限，本书难免有错误和不足之处，还请读者不吝赐教。

编者

# 目录 / Contents

# 第 1 章

## Chapter 1

# 科技与未来的关系

# 01 Section 如何从科技发展预测未来

## 1. 科技与产业的关系

自 18 世纪至今，人类社会经历了三次技术革命。三次技术革命表现出不同的特点：第一次可以简称为“动力革命”，以蒸汽机的应用催生了“蒸汽时代”（如图 1-1 所示的技术革命对交通方式的巨大影响）；第二次技术革命的主要标志是电力的运用，可以概括为“电力革命”，引发了“电气时代”；第三次技术革命最核心的标志是以电子计算机技术为代表的信息技术的广泛应用，可以标示为“信息革命”，开创了“信息时代”。我们可以看到，全球经济的发展历史无数次证明，技术革命引发了新兴产业的兴衰和时代的更替。受益于科技革新力量的推进，一批又一批新兴产业总是在战胜重大经济危机的过程中孕育和成长，并以其更高生产率、更先进的技术方向成为新的经济增长点，并且在危机过后，推动经济进入新一轮繁荣。

## 2. 技术转化时间

在技术变革的过程中，技术演化的方向与速度会遵循类似的“自然轨道”，并表现出一定的累积性。一般来说，新兴产业兴衰的过程总是伴随着技术普及率的提高。每隔 50～80 年，激进的新科技集群总会出现，这些新兴的新技术进入主流市场时，一般都遵循技术生命周期 S 曲线（图 1-2）所演绎的规律。在 S 曲线上对应的 10%～40%和 60%～90%的区间段，是新兴产业发展的黄金时间段。

图 1-1　技术革命对交通方式的巨大影响

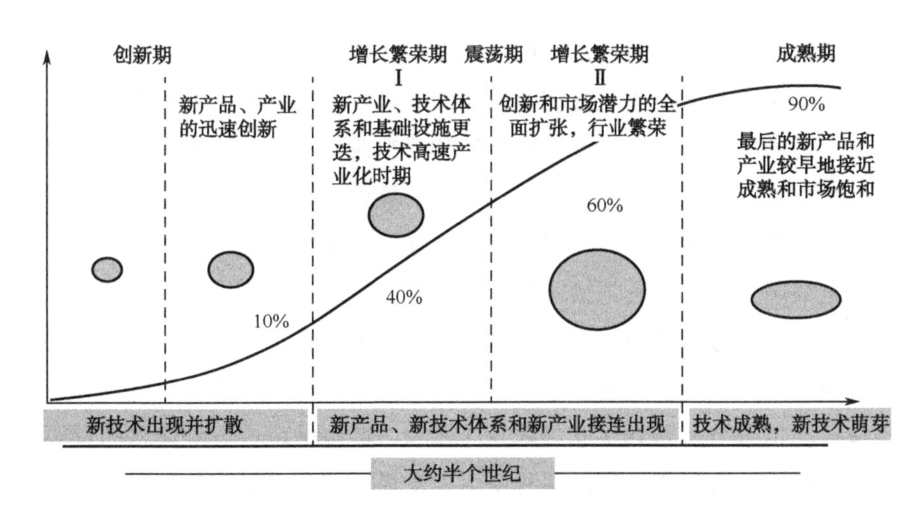


图 1-2　技术生命周期 S 曲线

## 3. 预测也是个技术活

在对技术发展的预测活动中，人们的认识是从最初的“技术体系的内在因素决定技术发展轨迹”，逐渐发展到“经济社会与技术共同作用决定技术发展轨迹”，再到“未来技术发展的多种可能性轨迹是可以通过今天的政策而加以选择的”。随着人们认识的不断加深，技术预测已经成为“塑造”或“创造”未来的有力工具，预测的方法体系也在不断完善。

国外的技术预测活动中，以美国开展的技术预测范式为基础，以日本在 1971 开展的德尔菲法调查为先例而拓展应用。20 世纪 90 年代，英、德、法等发达国家逐渐跟进发展，丰富了技术预测的方法体系。总体而言分为两大类，定性的预测方法与定量的预测方法。

（1）定性预测方法

定性预测方法随着日本将德尔菲法首次应用到技术预见研究后，其他发达国家的应用也逐渐证明德尔菲法的优点，即在一定成本下进行的多次大规模问卷调查，能够较快收集和反馈意见，具有决策民主化和科学性的功能。技术路线图也是该过程中的重要应用，与德尔菲方法一起不仅可以预测未来技术的发展还能起到描绘未来社会发展愿景的作用。技术路线图预测法就是把预测的基本理念、基本假设和原理应用到技术路线图中来，融合专利、产业经济和相关政策信息，使预测的趋势、需求和聚焦的重点可以用图示来表示，因而更加具备科学性、灵活性和可操作性。情景分析法和头脑风暴法（图 1-3）也是定性方法体系的重要组成部分，一般与德尔菲法同时使用。情景分析法是假定某种现象或趋势持续到未来的前提下，对可能发生的后果做出丰富、复杂的描述，具有复杂及高度不确定性的非技术环境下有效预测的优点，但是存在可能过多想象而偏离预见主题的缺点。头脑风暴法以比较了解问题的专家在会议上直接交换意见的讨论方式，能够在较短的时间内形成比较有成效的预见结果，但是存在专家间相互影响而偏离主题的缺点。

图 1-3　头脑风暴

技术预见方法体系中，德尔菲法、情景分析法、头脑风暴法等方法更注重研究中的定性分析，受制于主观意见、专家遴选等缺点，专家学者开始关注技术预见研究中的定量描述，如文献计量、专利计量、科学图谱（图 1-4）等方法。

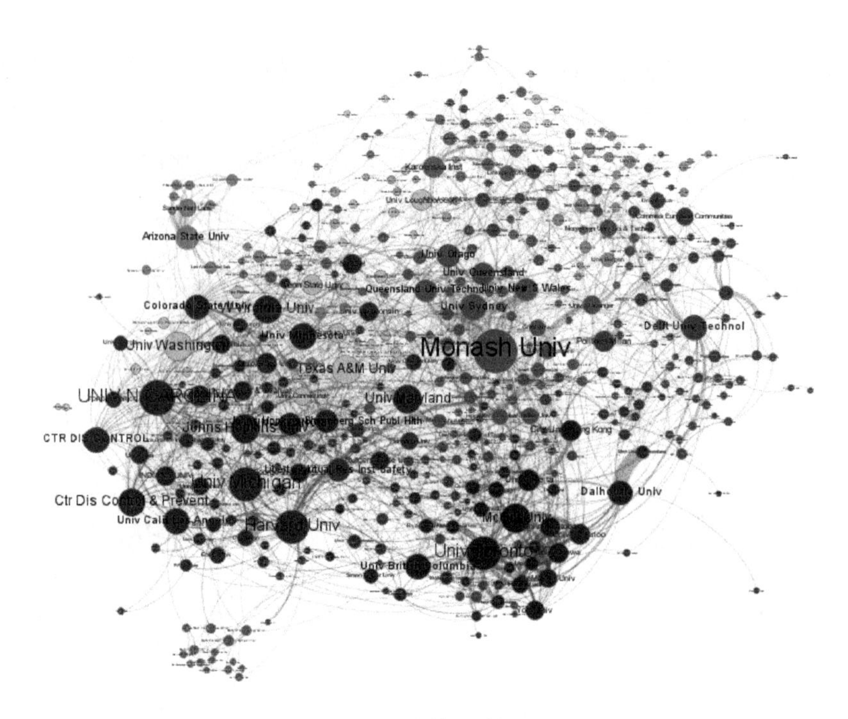


图 1-4　科学图谱例图

（2）定量预测方法

定量预测方法论文是提供科学技术信息的最佳信息源，而专利又是开展科学技术活动的直接表现形式，对论文及专利的文献信息进行数据挖掘，可以分析出一些科技领域的发展历史、研究前沿、技术竞争态势及判断未来新兴技术等，所以将定量分析方法，如专利地图、聚类分析、科学图谱等应用到技术预见中，可以有效避免德尔菲法中专家意见的局限性。

总之，在技术预见的定量分析方法中，随着日本等国家将定量分析引进到技术预测方法体系中后，逐渐出现了文献计量、专利分析、科学图谱、聚类算法（图 1-5）分析、综合指数法等定量方法，或者将其与各种定性方法结合使用的研究，其中将专利分析的定量分析方法引入预测活动中是现在的热点。

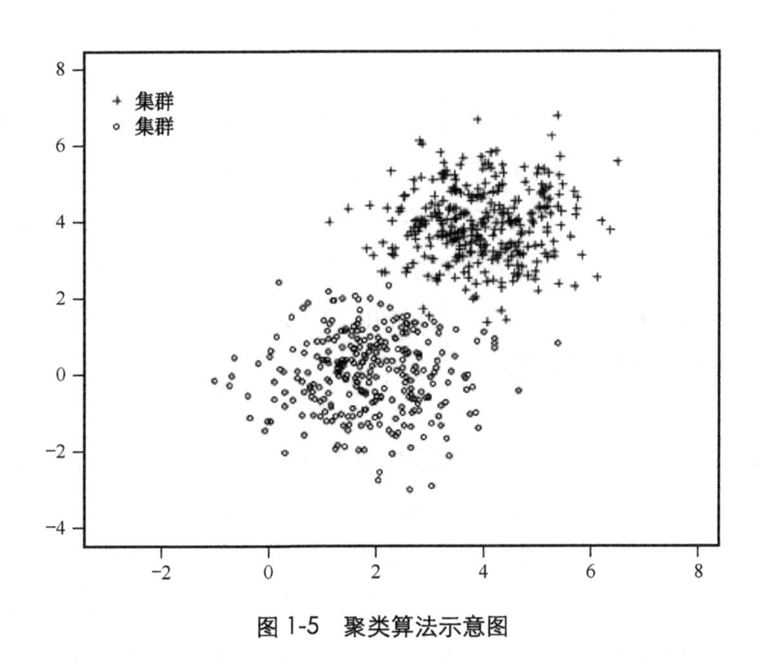


图 1-5　聚类算法示意图

## 4. 技术变革对人类生活的影响

过去的 15 年，很大程度上由数字技术的发展来定义。而未来的 15 年，将是各种技术的深度融合。2016 年，我们已经掌控了信息化的虚拟世界，而到 2030 年，人类将开始掌控物理世界。

科学技术的进步和运用加快了人类社会现代化的发展步伐，使人类生活发生了巨大变化。科学技术的发展提高了劳动生产率，劳动者从繁重的体力劳动中解脱出来，使人们的生活行为越来越少地受到时间和空间方面的限制，从而影响着我们的生活习惯和生活方式。技术变革对人类生活的影响的作用涉及方方面面，不是一言能尽的，在此仅列举一二。

（1）进一步的自然人机交互

触摸、语音、体感等依旧是自然人机交互的初级阶段。后续还会有很多惊奇的应用等着我们，比如，你看屏幕的时候屏幕其实也可以看你，了解你的状态，不断优化学习，提供更符合你的服务。而这是科技作为一种生命体必然进化出来的用来削弱与人类“排斥反应”的能力。无所不在的屏幕必将深刻改变人、文化和商业。屏幕这个介质和交互窗口带来的影响还远未被完全释放出来。

10 年前，进入数字时代还只意味着有一个手机号码、一个邮箱地址，或许再加上一个 Myspace（聚友网）的个人主页。现在，人们在数字世界中的存在则包括进行数码互动，以及人们在各种线上平台和媒体上留下的痕迹。很多人拥有不止一个数字身份，如 Facebook（脸书）、Twitter（推特）、Linkedin（领英）、Tumblr（汤博乐）以及 Instagram 等多个账号，通常还不止这些。在互联程度越来越高的世界中，网络上的虚拟生活渐渐变得与现实生活密不可分。未来，80%的人在网上具有数字身份。建立并维护好自己的网络形象会如同我们在现实生活中通过打扮、言语及行为来展示自己一样普通平常。在网络世界中，人们能够依靠他们在网络上的虚拟形象，搜索并共享信息，自由发表言论，与他人邂逅，并能在世界上任何地方发展并维护与他人的关系。

（2）分享的大潮

实际上，人们有机会就会愿意分享更多。现在的技术和应用还远远没有给人们提供足够的机会，还有数倍于今天的分享大潮没有被释放出来。

大家对于这一现象的共识通常是指技术的发展使实体（个人或组织）能够共同分享某个实物商品或资产的使用权，或分享/提供某种服务，这在以前是非常低效甚至是完全不可能实现的。这种商品或服务的共享通常可以通过网络市场、手机应用与定位服务或其他技术驱动型平台来实现。这些行为可以减少交易成本和系统摩擦，使所有参与者都获得恰到好处的经济利益。交通领域有很多知名的共享经济实例，如众所周知的 Uber、滴滴等。

（3）无限释放的劳动力

过去，几乎所有的机器人都被应用于重工业，为保证安全其往往远离人类作业。而现在，无论是在战场还是在工厂，机器人开始与人类并肩工作。到 2030 年，机器人将会在日常生活中发挥更大作用。新一代机器人将采用纳米材料，重量更轻，也更为坚固；配置性能强大的神经学芯片，运行先进的深度学习算法，能够以自然的方式与人类互动。

机器人技术已经开始影响各行各业，从制造业到农业、零售业及服务业，无所不包，图 1-6 为美国出现的首位机器人药剂师。根据国际机器人联合会提供的数据，全球工业机器人达 110 万台，而汽车制造过程中有 80%的工作都由机器人完成。机器人正在提高供应链效率，以做出更为高效及可预测的经营业绩。

（4）无人驾驶汽车——2020 年大批量上路

无人驾驶技术目前可谓来势汹汹，发展迅速。无人驾驶汽车（图 1-7）

依靠激光测距仪、视频摄像头、车载雷达、传感器等获得环境感知和识别能力，确保行驶路径遵循预先设定的路线。据预测，到 2020 年，至少会有 1000 万辆无人驾驶汽车上路。

图 1-6　美国出现的首位机器人药剂师

（5）新的计算机架构

1965 年戈登·摩尔（Gordon Moore）提出了著名的摩尔定律，预测芯片（图 1-8）处理速度每 18 个月便会翻番。50 年来，工程师们在不断实践着芯片行业的这条发展定律。然而现在，摩尔定律行将终结，人们还在试图通过 3D 堆叠以及 FPGA 芯片技术延续定律的生命周期，但其效果有限。若从根本上延续芯片行业的发展速度，我们需要开发新的计算机架构。

图 1-7　无人驾驶汽车在公路上行驶的示意图

图 1-8　芯片

其中之一是量子计算，使用量子力学中的重叠以及缠结效应，开发出性能百万倍于现在的计算机芯片；其二是开发模仿人脑的神经学芯片，其运行处理速度将比现有的计算机快上数十亿倍。这两种新型计算机实现商业化还需要数年时间，但目前已经有相应的工作原型。最早在 10 年之内，我们就可以看到这些新架构将完全改变电脑行业。

目前，科学家们正试图借助量子计算机解密新的技术领域：从分析基因序列到预测股市涨跌；从模拟单个分子之间的交互方式到拓展机器学习的潜能等。除此之外，虽然还无法彻底评估这种计算机处理问题的能力，但相信在不久的将来答案就会揭晓。

（6）生命的治愈与延长

2003 年人类基因组首次被解码，其相关开支超过 30 亿美元。到 2030 年，人类基因组测序技术将日趋完善，成本也将低于 100 美元。

目前，我们已经将基因组学应用于癌症治疗等医疗领域，通过患者的基因构成来治疗乳腺癌等病症。到 2030 年，基因组学将与免疫疗法相结合，通过激发人类自身免疫来抗击癌症，使得癌症成为可治愈的疾病。图 1-9 为第一个“编辑基因组”婴儿诞生。

随着高新技术的快速发展和对人类生活的全面渗透，科技的进步改善了我们的生活条件，同样技术异化也对人类生活造成某些负面影响。如信息时代，计算机联网，使得人们能够比较容易地获取他人计算机里的信息，造成失密、泄密；信息产业是高投入的产业，贫穷国家和地区由于资金匮乏，难以跟上信息技术的发展步伐，造成贫富差距加大。然而，信息化是人类历史必然的走向，我们必须正确利用高新技术，创造更加美好的未来。

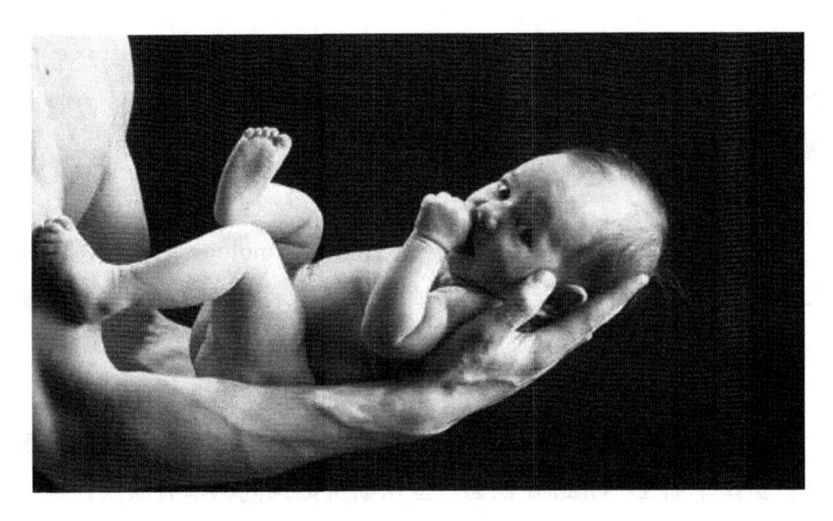

图 1-9　第一个“编辑基因组”婴儿诞生

的确，一个世纪以来，科学技术以惊人的速度在改变着人类的生产和生活状况。单就近几年来看，信息革命浪潮如一夜春风，让我们走进“地球村”，紧接着生物工程、虚拟技术等都热极一时。高新技术对我们生活的影响是全方位、立体化的，在以下的各章我们会逐一介绍。

## 02 Section 高新技术

### 1. 什么是高新技术

依照我们对高新技术的理解，高新技术是能够形成产业效应的尖端技术群。而根据技术生命周期 S 曲线理论，新兴产业的产生、发展、繁荣和衰退与技术的生命周期密切相关。虽然这并不意味着技术发展的方向就一定是产业的方向，但根据产业发展和历史经验，新兴产业的形成和发展必须具备一定的市场广度、产业宽度、技术深度、政策强度等条件。

高新技术在国外一般称为高技术（High Technology），在我国则有狭义和广义之分。狭义的高新技术即国际上高技术的概念，广义的高新技术，则包括“高技术”和“新技术”。

国内外目前关于高技术的界定没有统一的说法，有以下一些代表性观点：美国学者 D. Grance 认为：应用研究如果同科学有联系，则称之为高技术。美国《韦氏第三版新国际辞典增补 9000 词》中对高技术的定义为：利用或包含尖端方法或仪器用途的技术。日本学者津曲辰一郎认为社会经济中的主导技术为高技术，包括：①为提高现有商品功能的必要的中心技术；②具有能赋予产品以新功能的主导技术；③构成下一代产品基础的技术。国内学者王伯鲁提出枚举定义法，即当代高技术包括：微电子与计算机技术、信息技术、自动化与机器人、生物技术（包括制药技术）、新材料技术、新能源技术（包括核技术）、航空和航天技术（空间技术）、海洋开发技术。

从以上各种定义可以看出，高新技术是一个相对的动态概念。高新技术应反映如下 3 个方面的特质：是建立在现代科学技术基础之上的技术，这一点有别于传统技术，传统技术是经验的积累；高新技术是知识密集型技术群，比传统技术具有更强的竞争力，对社会经济发展产生深刻影响的技术；高新技术发展状况是一个国家综合实力的集中表现，是经济发展的第一生产力，社会进步的推动力。

综上所述，我们认为所谓的高新技术，是指基于新的科学知识、具有高增值作用和广泛渗透性的、能够形成产业效应的尖端技术群。

### 2. 高新技术有哪些

按照联合国组织的分类，高新技术主要包括信息科学技术、生命科学技术、新能源与可再生能源科学技术、新材料科学技术、空间科学技术、海洋科学技术、环境友好的高新技术和管理科学技术（又称软科学技术）八个领域。

我们认为，21 世纪的社会是一个信息技术和高新技术十分发达的信息社会，随着现代科学技术的迅猛发展，下一代科技产品将与我们现在使用的产品大相径庭。通过微软、IBM 等大公司正在着力研发的各项振奋人心的“黑科技”，我们也能管窥未来科技世界的大致轮廓。高新技术至少包括信息技术、新材料技术、先进制造技术、新能源技术、生物技术、空间技术、海洋技术、光电子与激光技术、环境科学技术、农业高新技术十大技术领域。其中信息技术是基础；新材料技术和先进制造技术是手段；新能源技术是动力；沿微观领域向生物技术开拓；沿宏观领域向空间技术和海洋开发技术扩展；以光电子与激光技术、环境科学技术、农业高新技术为主要应用方向。

## 03 Section 关于本书

本书是一本高度浓缩的科技读本，选取信息技术、量子技术、机器人技术、新能源技术（如海洋能、核能）、新材料（如石墨烯）、先进制造技术（如3D打印）、环境科学技术（如空气捕捉）等技术领域，从技术解释、技术发展状况、技术产业发展情况、对经济和社会的影响等几个角度进行分析和预测描绘我们看得见的未来。

技术的发展永无止境，科技创新的未来激动人心。正如雨果所说：与有待创造的东西相比，已经创造出来的东西是微不足道的。我们要准确把握世界科技发展的新趋势，树立创新自信，抢抓战略机遇，实施创新驱动发展战略，加快建成世界科技强国，为实现中华民族的伟大复兴提供强有力的科技支撑。

# 第2章

Chapter 2

# 人机交互新模式：VR/AR/MR 产业逐渐形成

在 IEEE（美国电气和电子工程师协会）发布的 2016 年九大技术趋势中，2016 年将是虚拟现实与增强现实质变的临界点。2016 年 4 月，淘宝宣布将推出“败家 Buy+”虚拟购物应用程序，借助于 VR/AR/MR 技术，买家戴上虚拟现实眼镜就可以在家里体验商场购物的感觉。2016 年 9 月 18 日，NASA（美国国家航空航天局）在佛罗里达州的肯尼迪航天中心游览区举办了一场名为“目的地：火星”的混合现实展览。在经过多年的技术储备和市场酝酿后，虚拟现实、增强现实与混合现实产业逐渐形成。图 2-1 为一名游客戴着虚拟现实眼镜在参观“目的地：火星”的主题展览。

图 2-1　一名游客戴着虚拟现实眼镜在参观“目的地：火星”的主题展览

## 01 Section　什么是虚拟现实、增强现实、混合现实技术

虚拟现实（Virtual Reality，VR）、增强现实（Augmented Reality，AR）、混合现实（Mixed Reality，MR）技术都属于数字感知技术，利用数字化手段捕获、再生或合成各种来自外部世界的感官输入，从而达到一种身临其境的沉浸感，英文简称 VR/AR/MR。它们的不同在于：AR 技术是采用计算机图像技术对物理世界的实体信息进行模拟、仿真，即把现实世界变成虚拟世界；VR 技术则是借助于计算机图形技术和可视化技术产生物理世界中不存在的虚拟对象，并将虚拟对象准确“放置”在物理世界中，即把虚拟世界变成现实世界的组成部分；而 MR 技术则是在虚拟世界与现实世界之间建立一种交互关系，即形成虚拟和现实互动的混合世界。

## 02 Section　虚拟现实、增强现实、混合现实技术可以做些什么

虚拟现实、增强现实和混合现实（以下简称 VR/AR/MR）技术可以在虚拟世界和现实世界之间建立一种联系，形成一种新的人机交互模式，

从而极大地扩展人类的感官体验，并重新认识这个世界。

### 1. 把世界看得更清晰、更透彻、更丰富

对于个人来说，对现实世界的认知其实是感官传递给大脑的电子信号，感知的增强可以扩大我们的认知世界。就像用望远镜可以看得更远，用显微镜可以看到微小生物一样，VR/AR/MR 技术可以把我们原先无法感知的事物呈现出来，把听不到的声音模拟出来，把看不清的事物清晰化，创造出一个增强版的现实世界。从这个角度来说，VR/AR/MR 技术通过对我们感知的增强，帮助我们把世界看得更清晰、更透彻、更丰富。

### 2. 把世界装进口袋里

VR/AR/MR 技术可以将物理世界的物体特征进行信息重构，建立同现实世界一样真实的虚拟世界。如同电话可以将声波变成电信号，转换成声音，视频电话可以将声音、画面进行信息重构，而“真实的”虚拟世界则是对物体多维特征的信息重构，它涵盖视觉、听觉、嗅觉、触觉等多维度的感知，例如一朵郁金香，不但包括花的美丽外表，还包括花的香味，甚至包括风吹过花的声音，触摸花的触觉。如果我们把物理世界的所有信息重构，转化成虚拟空间，那么我们的手机借助物联网技术，就可以装下整个世界，轻松地放进口袋里，足不出户，看遍世界。

### 3. 虚拟世界与现实世界融合形成混合世界

VR 技术可以让现实世界转化成虚拟世界，AR 技术可以让虚拟世界叠加到现实世界，MR 技术又使虚拟世界和现实世界实现交互，两个世界出现一种融合趋势。未来，你可能分不清哪部分是虚拟的，哪部分是

现实的，整个世界变成虚拟世界与现实世界的混合体。

## 03 Section 产业发展现状

随着 VR/AR/MR 技术逐步成熟，某些应用得以实现，并有进一步形成产业的趋势。

### 1. 发展历程

最早描写 VR 的是 1949 年美国科幻小说家斯坦利·温鲍姆（Stanley G. Weinbaum），他在《皮格马利翁的眼镜》（*Pygmalion's Spectacles*）中首次提出了虚拟现实的概念，描述了一个基于头戴式显示器的虚拟现实系统，并且融合了嗅觉和视觉的体验。直到 1968 年，传奇的计算机科学家伊凡·苏泽兰（Ivan Sutherland）才开发出了最早的虚拟现实头戴显示器设备："达摩克利斯之剑"，名字由来大概是因为这个设备太重，需要用一根杆吊在人的脑袋上方。直到现在，除了视觉和听觉，虚拟现实技术仍然没有办法模拟其他三种感觉（嗅觉、触觉和味觉）。

作为最近几年来炙手可热的技术，虚拟现实的概念早已被提出。20 世纪 80 年代，美国 VPL 公司创建人 Jaron Lanier 公开了一种技术假象：有一种技术可以综合利用计算机图形系统和各种现实及控制等接口设备，在计算机上生成、可交互的三维环境中提供沉浸感觉。Jaron Lanier 将这种技术命名为 VR（Virtual Reality，VR，即虚拟现实）。

2012年8月，一款名为Oculus Rift的产品登录Kickstarter进行众筹，首轮融资就达到了惊人的1600万元，一年后，Oculus Rift的首个开发者版本在其官网推出，2014年4月，Facebook花费约20亿美元收购Oculus的天价收购案，也成了引爆虚拟现实的导火索。

图2-2为虚拟现实发展历史。

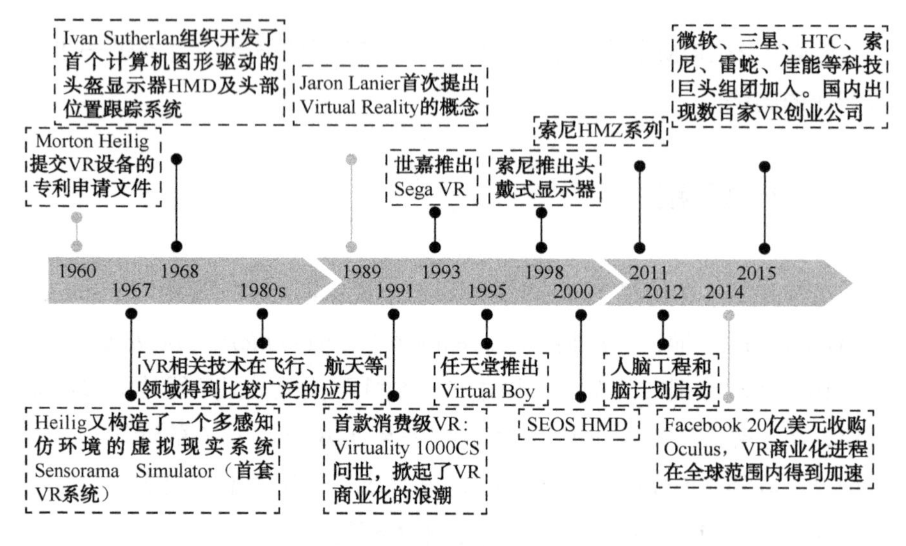


图2-2　虚拟现实发展历史

## 2. 应用领域

目前VR/AR/MR技术主要应用在娱乐、培训与教育、医疗、导航、旅游、购物和大型复杂产品的研发中。例如，娱乐方面主要包括采用VR/AR技术的游戏、电影、演唱会等，用户戴上VR/AR/MR眼镜和耳机可以360度参与其中，如同目击者身临其境的现场感受。培训与教育方面主要包括采用VR/AR/MR技术的教育体验课程和立体式教学课程，

图 2-3 为虚拟现实教学道具。例如，生物模型、太空漫步、分子立体结构、人体解剖。医疗方面，医生可以借助 VR/AR/MR 技术让人体结构清晰全方位呈现，轻松完成高难度的手术。旅游、购物方面可以通过增强现实技术为用户提供更全面、周到的体验，例如，旅游者看到哪里，AR 设备就会呈现出这里的历史、原貌等信息。

图 2-3　虚拟现实教学道具

根据高盛发布的 VR 报告，VR 和 AR 不仅有潜力创造出新的市场，还将颠覆当前的一些市场。该技术可以应用到 9 大领域：视频游戏、事件直播、视频娱乐、医疗保健、房地产、零售、教育、工程和军事。

### 3. 相关公司与产品

目前市面上能见到的 VR 产品主要分为三类，第一类是 Google cardboard 类型的设备，这类设备利用了 VR 成像技术的物理原理，以简单的物理手段实现 VR 模拟，特点是不自带屏幕，需要插入手机等设备进行配合。代表产品是 Google cardboard，复杂一些的则有暴风魔镜、三星 GEAR VR，等等。第二类在狭义上可以被叫做 VR 头盔，目前最受关注。这类设备的特点是自带屏幕和一定的计算芯片，并且外设有较为丰富的感知系统和交互系统，更加适合沉浸式体验和游戏操作。但这类产品携带的芯片数量不多，性能不强，需要配合电脑主机等现有的处理平台才能完成视频的输出。Oculus Rift、HTC Vive、Sony PS VR 等新闻上经常出现的热点 VR 产品都属于这一类。第三类则可以算作完整意义上的 VR，即 VR 一体机，特点自然就是可以独立运算，不必借助外界平台。但由于技术条件限制，此类产品目前功能有限，市场占有率并不高，更多是概念产品。

参与 VR/AR/MR 产业的公司越来越多，包括谷歌、索尼、HTC、Facebook、微软、三星、3Glasses、百度、联想、暴风魔镜、睿悦科技、焰火工坊、乐相科技、Coolhear、亮风台、兰亭数字、乐活家庭、共进等公司。据估计，全球 VR/AR 领域的公司已经达到上千家。2014 年 4 月，Facebook 收购 Oculus 后，扎克伯格希望将 Oculus 的虚拟现实技术变成社交网络。但 Oculus Rift 最初主要用于游戏，这款设备将提供名为 Oculus Home 的软件界面，这是该设备的核心，用户可以浏览、购买和运行游戏，还可以与其他玩家互动。除此之外，该公司还将提供一个 2D 版界面，以便在没有眼罩时使用。简而言之，Oculus Rift 是放置于你脸上的一个屏幕。开启设备后，它会欺骗你的大脑，让你认为自己正身处一个完全不同的世界（图 2-4），例如，太空中的飞船上，或者摩天大楼的边缘。未来该设备可以让你置身于实况篮球比赛的现场或者躺在沙滩上享受日光浴。2016 年，三星和 Facebook 联合推出了一款全新的 Gear VR 虚拟现实头盔，用户通过 Micro USB 接口将智能手机连接到头盔上，观看视频时就可以实现穿越时空，身临其境。

图 2-4　虚拟现实游戏场景

2015 年，获得谷歌注资 5 亿多美元的 Magic Leap 高调宣布正在研发增强现实的新技术；微软发布全息眼镜 HoloLens。中国 AR/VR/MR 产业的声势也比较高涨。2015 年 11 月，Coolhear 和亮风台公司相继发布了首款 VR 耳机和首款 AR 双目立体视觉眼镜。北京兰亭数字公司打造了中国首部 VR 电影。

## 4. 产业规模

根据 Manatt Digital Media 发布的 2015 年 AR/VR 报告，到 2020 年全球 AR/VR 市值或达到 1500 亿美元，其中 VR 市值将达到 1200 亿美元，AR 市值约 300 亿美元。根据 iiMedia Research 艾媒咨询公司发布的《2015 年中国虚拟现实行业研究报告》，中国 2015 年虚拟现实行业的市场规模为 15.4 亿元，2016 年预计为 56.6 亿元，2020 年将达到 550 亿元。SuperData 发布的报告显示，2016 年全球 VR 游戏市场规模预计在 51 亿美元左右。

而高盛的预测则更加乐观，根据其 2016 年发布的 VR/AR 报告，VR/AR 市场规模在 2025 年将达到 1820 亿美元，其中 1100 亿美元为硬件营收，720 亿美元为软件营收。

### 5. 存在问题

目前，AR/VR/MR 产业尚处于起步阶段，还存在应用不足，技术储备不足，数据库建设不足等方面的问题。例如，AR/VR/MR 产品在使用便利性和应用普及程度上还存在问题，需要开发者在寻找技术与应用的结合点上下大力气。对于 AR/VR/MR 技术，普通用户期待的不是炫酷的技术体验，而是对于生活质量和学习水平实实在在的改善和提高。例如，戴上智能眼镜可以随时知道今天的天气情况、餐馆的用户评价、某个知识难点的立体讲解等。目前的增强现实技术尚处于发展阶段，我们还没有办法在生活中完全依赖增强现实的应用和设备。与百家争鸣的硬件市场不同，软件以及内容可谓是目前 AR/VR/MR 的短板。AR/VR/MR 技术要想得到很好的应用，需要建设庞大的虚拟现实数据库和开发工具，这是单一企业力不能及的，需要国家给予一定的资金与政策支持，促进技术的发展和产业的培育。

VR/AR/MR 真正能够进入消费、实用阶段，GPU 的性能要有很大很强的计算能力的提升，才能满足我们用户的需要。同时我们也做了非常好的一些开发工具，这些开发工具当中包括了很多物理模拟的 SDK，其中有 PHYSX，拆分成小颗粒做很多分子运动的模拟，也可以做成很多流体的模拟，还可以做成很多细搭的建筑物，精细到每个细小的小块，让它产生实际的效果。例如，可以看到很多战争的场面，破碎的物体。

VR 领域的专家，曾参与同美军合作的头戴显示器研发项目的史蒂夫·巴克（Steve Baker）认为现有的 VR 设备都远未成熟。在他看来，因为一些无法突破的技术限制，也许 VR 永远都不会成功。例如，VR 设备容易导致眩晕的问题。美军使用的造价 8 万美元的 VR 头盔比任何市售的 VR 产品都要强，具有更小的延迟，更高的解析度和更准确的头部追踪，但仍然无法解决 VR 设备让人头晕的问题。更糟的是，有可靠的研究证实，VR 设备造成的眩晕感可能在你停止使用设备 8 小时后依然存在。导致眩晕的原因可能与用户所感知的行动和实际所见产生的错位有关，更深层次的原因是视觉神经和前庭刺激（Vestibular Stimuli）之间无法达成一致。如何解决这种人脑深度知觉的问题是未来 VR 发展的关键。

## 04 Section　对经济和社会的影响

若 AR/VR/MR 产业发展壮大，将对人们的经济和社会生活产生深远影响。

### 1. 可视化生产，加快产品研发进度

大型产品、复杂系统的研制往往涉及成千上万的系统或者零部件，它们之间的关系单凭想象无法梳理清楚，而借助 AR/VR/MR 技术可以真实地呈现某个设计环节，而不用完成整个设计后才发现问题，从而导致巨大的时间成本和生产成本。同时，AR/VR/MR 技术可以使培训简单化，例如，戴上 VR 眼镜，可以显示操作指令与说明图片，让员工即使无法记住所有流程也能执行操作，还可以避免误操作。该技术可以广泛应用

于航空、航天、造船等重工业领域，加快研发进度，提高生产效率。

## 2. 多维学习，突飞猛进，改变人类学习的极限

建立多维的记忆，多维的思考，结合人工智能和物联网的辅助，很可能引发人类学习的革命，突破人类大脑的生理极限。从口口相传到文字记录再到音频影像，每次的媒介提升带来的都是人类文明的跨越式发展。图 2-5 是人类交互方式的演变，从报纸、广播的单媒介，到电视、电脑的多媒体，再到 VR/AR/MR 技术产生的立体式、交互式学习方式，媒介维度的扩展促使人类文明不断进步。VR 在教学领域远不止“生动”“活泼”，它的意义在医学上更加深远。例如，屏幕中投射出正在搏动的心脏，操控者可以随时观察每个部位，并且拆分它们。这样的教学不仅节约了实验的生物成本，学生操作的精准度和理解力也会大大提升。

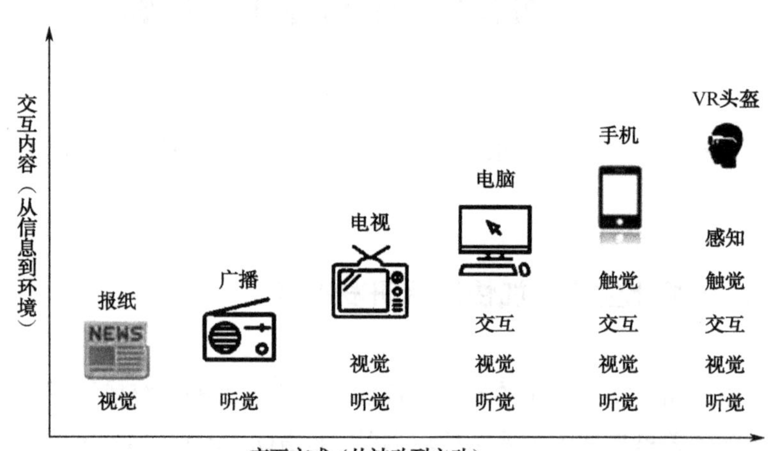


图 2-5　人类交互方式的演变

### 3. 娱乐产业的革命

VR/AR/MR 技术将使娱乐产业发生巨大变化。娱乐本身是一种体验活动，这正是 VR/AR/MR 技术的特点。未来的电影是互动的电影，观众可以拥有 360 度体验，成为电影的现场目击者，甚至参与者。你能感受到拳头打过来时的风声，你能闻到主人公吃的鸡翅的香味，你能感觉到汽车呼啸而过的震动。加入 VR/AR/MR 技术的电影比 3D 电影要提高几倍的感官体验。游戏也不只是电脑与手机上的游戏，还可以是在现实世界与虚拟角色互动的游戏，天空中猛然降下一个怪兽，你还可以与它对打，这种感觉绝对够爽，当然只有戴上 VR/AR/MR 产品的人才能感受得到。

### 4. 营销手段的改变，刺激需求

VR/AR/MR 技术可以将原本普通的营销方案转化为全方位的视觉、听觉互动体验，并对用户提出的方案进行实时、真实地展现，让用户更好地了解自己的需求，减少交互成本，挖掘潜在需求，刺激消费增长。

### 5. 促进信息产业的升级

目前，互联网、手机、照相机、电视、游戏机等电子产品面临市场饱和，需要寻找新的增长点。AR/VR/MR 改变了下一代人机交互模式，从硬件、软件、内容到平台等全产业链对信息产业更新换代，形成新的庞大市场空间。

# 第3章
## Chapter 3
# 量子：未来超乎想象

"量子通信已经开始走向实用化，这将从根本上解决通信安全问题，同时将形成新兴通信产业。"

——习近平

2015 年年底，科学（《*Science*》）评出 2015 年科学界的十大发现，其中包括贝尔无漏洞实验确认量子诡异特性。这一实验结果并不令人惊讶，但它所确认的量子纠缠态，为未来量子信息技术的应用奠定了坚实的基础。2016 年 8 月 16 日，世界上第一颗量子卫星由中国发射，2016 年年底，世界上第一条量子通信保密干线——"京沪干线"将在中国建成；世界上第一颗量子卫星由中国发射。量子信息技术正在从理论走向现实应用，并有可能在未来引发一场技术革命。而中国在这项技术上有望成为领跑者。

## 01 Section　什么是量子信息技术

量子力学理论被认为是继牛顿经典力学和爱因斯坦相对论后，人类科学的颠覆性发现。量子有许多经典物理所没有的奇妙特性。量子纠缠态就是其中突出的特性之一。什么是量子纠缠？原来存在相互作用，以后不再有相互作用的 2 个量子系统之间存在瞬时的超距量子关联，这种状态被称为量子纠缠态。通俗地说，就像心电感应。量子力学研究发现，宇宙中任何一个粒子都有"双胞胎"，二者即使隔开整个宇宙的距离，也仍然一直保持同步同时同样的变化。一对粒子同步同样变化的状态，就是量子纠缠态。处于量子纠缠的两个粒子，无论分离多远，它们之间都存在一种神秘的关联（图 3-1）。就如同你穿的一双鞋，你看到一只向左弯后，就知道另一只是向右弯的，即使那只鞋远在天边。

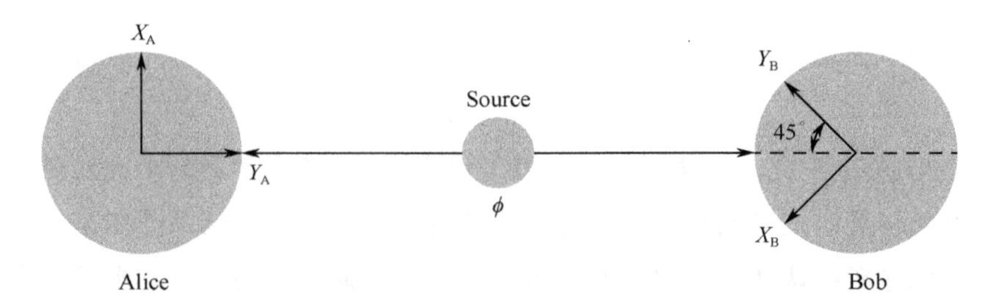


图 3-1　创造两个互相纠缠的量子以后，哪怕将它们分开很远，我们也可以通过测量其中一个的状态来得知关于另一个的信息

量子的另一个奇妙特性是量子具有测不准和不可克隆的属性，即任何的测量都会破坏量子的本来状态。

根据量子力学“不确定性原理”，处于纠缠态的两个粒子，在被观测前，其状态是不确定的，如果对其中一个粒子进行观测，在确定其状态的同时（比如为上旋），另一个粒子的状态瞬间也会被确定（下旋）。

量子比特这不是 0 不是 1，又是 0 又是 1 奇怪的状态是有名的活猫死猫悖论的来源。想象在一个密封的盒子中，有一只猫、一瓶毒药、一个榔头和一个量子比特探测器（图 3-2）。我们给探测器一个量子比特，让其测量。如果量子比特处于 1 态的话，榔头就会落下，放出毒药，我们就会得到一只死猫。如果量子比特处于 0 态的话，榔头就不会落下，猫还是活的。如果量子比特处于 0 和 1 的一个叠加态，那么过了一段时间，这只猫到底是死的还是活的？按照量子理论，这只猫应该是处于一个不死不活，又死又活的状态。而这种状态的猫还有一个学术名字，叫薛定谔猫。它还有一个数学表达式：

$$\nabla^2\psi(x,y,z)+(8\pi^2 m/h^2)[E-U(x,y,z)]\psi(x,y,z)=0$$

图 3-2　薛定谔猫漫画

量子信息技术是基于量子物理特性，与信息技术相结合发展起来的技术，主要包括量子通信、量子计算等领域的相关技术。量子通信，就是利用量子纠缠效应来传递信息。量子通信主要研究量子密码、量子隐形传态、远距离量子通信等技术；量子计算主要研究量子计算机和适合于量子计算机的量子算法。

## 02 Section 量子信息技术将如何引发技术变革

量子信息技术可以突破现有的经典信息系统的极限，在提高运算速度、确保信息安全、增大信息容量等方面，对未来的计算、通信领域产生重大影响，很有可能成为信息时代新的主宰。

### 1. 量子信息技术将促进计算能力指数级增长

量子计算是一种依照量子力学理论进行的新型计算。量子计算机处理信息的方式与传统计算机有着根本性的不同，量子计算具有天然的并行性，每增加一个量子位（等同于传统芯片中的晶体管），处理器的计算能力就会翻番，$n$ 个量子位的量子计算机的一个操作能够处理 $2^n$ 个状态。例如，500 个量子位的量子计算机可以在每一步作 $2^{500}$ 次运算，这是一个可怕的数字，比地球上已知的原子数还要多。量子计算机一旦实现，计算速度将较目前实现数十亿倍的提升。这一计算能力的飞跃，将远远超过过去从算盘到当代超级计算机的提升。

### 2. 量子信息技术使通信突破光速的限制

根据量子理论，微观粒子可以处于量子叠加态。如果有两个电子，它们的自旋态有四种可能：上上，下下，上下和下上。把它们制备到相互纠缠的状态：自旋同时向上和同时向下的叠加态。当我们测量出一个电子的自旋是向上（向下）的，那么另外一个电子的自旋态就塌缩到向上（向下）的状态，不论电子之间的距离到底有多远。这个塌缩是瞬时的，传递速度超越了光速。目前的实验已经证明：量子纠缠的传输速度至少比光速高 4 个数量级。即量子纠缠的作用速度至少比光速快 10000 倍，这还只是速度下限。根据量子理论，测量的效应具有瞬时性质。利用这一原理，人们可以制备出一对纠缠粒子，把它们放在不同的位置，当这边的粒子一动，另一端的粒子立刻做出同样的变化。这就是理想的量子通信原理，从原理上看，它能够实现没有时间滞后，绝对实时的信息传递，这对于未来实现星际旅行的人类具有极为重大的意义。

### 3. 量子信息技术使绝对安全的通信成为可能

目前的常规通信多采用加密技术解决安全通信问题。但是，密码总存在被破译的可能。尤其在量子计算出现以后，采用并行运算，对当前的许多密码进行破译变得易如反掌。而量子态具有测不准和不可克隆的属性使量子密码具有不可破译、不可窃听性，使量子通信成为一种绝对安全的通信方式，即“量子密钥分配”，它允许某人发送信息给其他人，而只有使用量子密钥解密后才能阅读信息。如果第三方拦截到密钥，鉴于量子力学的诡异特性，信息会变得毫无用处，也没人能够再读取它。这可以从根本上解决国防、金融、政务、商业等领域的信息安全问题。

## 03 Section 量子信息技术发展现状

鉴于量子信息技术的重要性，美国、中国、加拿大、日本、澳大利亚及欧洲等国均对量子信息技术的研究投入大量资金，并取得初步成效，开始走向现实应用，例如，在量子通信、量子计算、量子导航等方面的应用。其中，美国、加拿大等国在量子计算方面处于世界领先地位，中国在量子通信方面取得很大进步。欧洲在通信中转基站技术方面处于领先地位。

### 1. 量子通信网络

目前的量子通信工程仍然采用传统技术（光纤和激光）来传递信息，

只是给信息加密的密钥用量子原理来分配、传递密钥。它的传播速度等同于光速，和传统的通信方式一样。

2003 年，美国 DARPA 资助哈佛大学建立了世界首个量子密钥分发实验系统和量子保密通信组网应用。此后，美、日、欧多国相继建成了瑞士量子、东京 QKD 和维也纳 SECOQC 等量子保密通信实验网络，演示和验证了城域组网、量子电话、选举投票保密等方面的应用。2013 年，美国独立研究机构 Battelle 公布了环美量子通信骨干网络项目，计划采用分段量子密钥分发，结合安全授信节点进行密码中继的方式为谷歌、微软、亚马逊等互联网巨头的数据中心之间的通信提供量子安全保障服务。

美国在“保持国家竞争力”计划中，把量子信息作为重点支持课题。计划建立起连接包括谷歌、IBM、微软等公司的数据中心，总长超过 10000 千米的环美国量子通信网络。欧盟“基于量子密码的安全通信”工程集中了 40 个研究组，发布了技术和商业白皮书。欧盟发布《量子宣言》，宣布将投资 10 亿欧元，促进量子通信网络等技术的发展。日本提出了量子信息技术长期研究战略，目前年投入 2 亿美元，计划在 5～10 年内建成全国性的高速量子通信网。

2007 年中科大在北京打通了国内首个光纤量子电话，之后相继在北京、济南、安徽芜湖与合肥等地建立了多个城域量子保密通信示范网、金融信息量子保密通信技术验证专线以及关键部门间的量子通信热线。2014 年，量子保密通信京沪干线项目通过评审并开始建设，计划建成北京和上海之间，基于安全授信节点密码中继，距离超 2000 千米的国际首个长距离光纤量子保密通信骨干线路。2016 年 8 月 16 日，世界首颗量子科学实验卫星“墨子号”在酒泉卫星发射中心成功发射。卫星重达 600

多千克，每 90 分钟绕地球一周。中国科学家将向卫星发射光离子，测试量子物理是否能够保证远距离通信的安全。这颗卫星计划在空间运行两年。中国科学院院士、中国科学技术大学教授、量子通信卫星工程首席科学家潘建伟（图 3-3）表示，在“天地一体化”的全球量子通信基础设施的支持下，就可以构建基于信息安全保障的未来互联网。“墨子号”在未来两年的在轨运行里，将会配合五个地面台站，首次在太空与地面之间开展远距离量子通信的实验研究，它将向地球发送不可破解的密钥，建立“不可截获的”通信渠道，为建立一个极其安全的覆盖全球的通信网络奠定基础，同时将开展对量子力学基本问题的空间尺度实验检验，加深人类对量子力学自身的理解。取名“墨子号”正是对这颗“世界首发”卫星的最好定义。墨子是目前据文献记载第一个通过科学实验验证光线沿直线传播的科学家。从某种意义上，他也是第一个提出牛顿第一定律的人。

图 3-3　中科院院士、中科大教授、量子通信卫星工程首席科学家潘建伟

## 2. 量子计算机

加拿大 D-Wave 系统公司 2007 年就宣布研发出量子计算机，并在 2012 年获得亚马逊创始人杰夫·贝佐斯（Jeff Bezos）与美国中情局的投资。美国高度重视量子计算机的研发，并制定了“微型曼哈顿计划”，研制量子芯片。2013 年，谷歌与 NASA 联合成立了量子人工智能实验室，从 D-Wave 系统公司购买了一台量子计算机，共同开展量子计算机的研究项目。2014 年，IBM 宣布未来 5 年将投资 30 亿美元开展量子计算等相关信息技术的研究。2015 年，谷歌量子人工智能实验室宣称：在测试中的 D-Wave2X 量子计算机的运行速度比传统模拟装置计算机芯片运行速度快 1 亿倍。2016 年 3 月 28 日，澳大利亚格里菲斯大学和昆士兰大学的科研人员表示，其首次发现了一种可以简化创造量子“Fredkin 逻辑控制门”的方法，使人类距离实现完全意义的量子计算机又迈进一大步。2016 年 3 月，美国《科学》杂志刊文表示，量子计算硬件研究取得突破，量子时代或将到来。2016 年 4 月，美国国家标准与技术研究院（NIST）发布了主题为“后量子密码学”的研究报告，指出现有公钥密码体制在量子时代将不再安全，有必要研究推广可对抗量子攻击的新型密码标准。2016 年 IBM 公司宣布其在量子计算硬件研究上取得突破性进展（图 3-4）。

在中国，2015 年 7 月，阿里巴巴与中科院联合成立量子计算联合实验室，希望结合双方优势，用 10～15 年的时间研制出新一代的量子计算机。中科院相关专家称“新一代量子计算机能够解决目前世界上最好的超级计算机都无法解决的问题，而速度将比天河二号快百亿亿倍”。如果按中国 10 亿人口计算，百亿亿倍就相当于我们每个人能分到 10 亿台天河二号。

图 3-4　IBM 于 2016 年发布了基于云的 5 个量子比特的量子计算机

### 3. 量子导航

全空域、全时域的无缝定位导航是未来定位导航产业的技术制高点。随着量子精密测量技术的快速发展，基于量子精密测量的陀螺及惯性导航系统具有高精度、小体积、低成本等优势，将对无缝定位导航领域提供颠覆性新技术。目前，美国、英国、中国均在量子导航取得显著成绩。北京自动化控制设备研究所在原子陀螺仪上的技术突破使现有应用于高端装备的无缝定位导航系统的体积、质量、功耗、成本等下降约两个数量级，将应用于大众定位导航市场，可在微小体积、低成本条件下实现米级定位精度，提供不依赖卫星的全空域、全时域无缝定位导航新能力。

### 4. 存在问题

远距离量子通信最大的难题是光子会丢失。光子发射一段距离后就会衰减，若没有中间站“在路上帮它调整状态”，它就无法完成穿越。因此，量子通信要解决的两个基本问题就是：让光子保持量子纠缠状态的距离变得更长，让光子传输的速度更快。中国科学技术大学潘建伟、包小辉等在国际上首次实现了百毫秒高性能量子存储器，存储寿命达 0.22 秒、读出效率达 76%，为远距离量子中继系统的构建奠定了坚实基础。在目前的理论框架内，信息还是不能超光速。量子通信的载体还是光，未来除非有颠覆相对论的理论，否则信息传递速度还是不能超光速。

目前的量子信息技术还未被完全攻破，产品也还不成熟，多处于科研阶段，离真正的商业应用还有相当一段距离。例如，量子通信只是运用了量子的加密功能，并未实现其超光速传输能力；量子纠缠纯态的制备和储存还无法满足量子计算机在常规条件下的稳定运行。就连最早研制出量子计算机的加拿大 D-Wave 系统公司生产的量子计算机也尚未利用量子相干性和纠缠性等核心技术，最多是一个有量子效应的计算机。而且，量子计算也只是应用在特定计算上，还无法像常规计算机一样实现普遍应用。2012 年诺贝尔物理得主，专门研究量子信息的法国科学家塞尔日·阿罗什在其诺贝尔演讲词中说：量子计算机看起来是一个乌托邦。

# 04 Section 对经济和社会的影响

在量子计算方面，量子计算机有望成为下一代计算机已经逐渐成为业内共识。另外，在通信、导航、人工智能、大数据、太空探索、先进军事高科技武器和新医疗技术等高精端科研领域，量子信息技术都具有巨大的市场空间。量子信息技术一旦突破，有可能引起一场技术革命，对经济和社会引发连锁反应。

## 1. 量子信息技术对现有密码技术形成挑战

未来，如果量子计算得到应用，现有的密码破解变得易如反掌，从而对个人隐私、金融系统、电子商务、国防、互联网信息安全的基础造成严重威胁。这会加速现有加密体系的崩溃，并催生新的加密方法，如量子加密技术。谁先在这方面取得成功，谁就有可能瞬间掌握其他国家或者公民的大量秘密或者私密信息。如果被不法分子利用，后果不堪设想。

## 2. 引发技术革命，促进人类文明进步

量子信息技术有可能引发一场技术革命。基因分析、药物研制、气候控制、宇宙探索……这些以前人类需要耗费很长时间才能完成的事情，有了量子信息技术，一切变得易如反掌。由于其强大的计算能力，可以解决在电子计算机上无法解决的复杂性问题。为人类提供一种性能强大

的新模式的运算工具，大大增强人类分析解决问题的能力，将全方位大幅推进各领域研究。人类一旦掌握了这种强大的运算工具，生产效率将大幅提高，从而促进人类文明的进步。

### 3. 有助于推动大数据的应用

数据、视频、照片、文档，信息时代人类信息以每年 50%的速度增长，大约每两年就翻一番，数据海洋呈爆发式增长。但是，对这些数据进行及时处理和应用需要强大的计算能力。量子计算使处理大规模的复杂数据成为可能。例如，量子计算可以更好地分析处理客户数据，使企业了解客户需求，及时调整生产计划；可以更迅速地对大量侦查数据资料进行筛查，帮助警察快速破案，打击犯罪分子；可以快速对交通、天气等信息进行分析，使市民得到及时、准确的交通、天气信息，更好地安排自己的出行；可以迅速解码 DNA，帮助医生分析、查找疾病原因，制订治疗方案，减少不治之症；可以对卫星、雷达等收集的大量数据迅速分析和处理，协助国防人员更好地对国土安全进行监测，保卫国家主权。

### 4. 帮助人类走向宇宙空间

最新的实验表明，量子超距作用传递速度至少是光速的一万倍，如此快速的传递速度如果能在宇宙间应用，将使宇宙间的通信变得更容易；而量子计算机可处理太空望远镜获得的更多数据，并发现更多系外行星，帮助人们迅速确认哪些行星最有可能适合生命生存。未来，“宇宙村”将成为可能。

### 5. 有助于芯片产业跨越式发展

中国目前的芯片产业尚无法与欧美等发达国家相提并论。而量子计算所需的量子芯片对于各国都处于研究阶段，尚未实现大规模应用。如果能够抓住此次机会，中国的芯片产业有可能实现弯道超车。

# 第 4 章

## Chapter 4

# 基因剪刀，剪出生命未来

2015 年 12 月 17 日，《科学》杂志公布了 2015 年度十大科学突破之首便是基因编辑技术“CRISPR-Cas9[1]”（Clustered Regularly Interspaced Short Palindromic Repeats，规律间隔性成簇短回文重复序列），俗称基因剪刀。这是该项技术继 2013 年后再次获此殊荣。《科学》系列杂志总编辑 Marcia McNutt 对该项技术做出如下评价：它“将会给许多不同领域带来持久的兴奋和乐观”，势必“对研究产生革命性的影响”。

有着“豪华版诺贝尔奖”之称的“2015 年度生命科学突破奖”颁发给了发现基因组编辑工具“CRISPR-Cas9”的两位女科学家——珍妮弗·杜德娜和艾曼纽·夏邦杰。二人更是获得了 2015 年度化学领域的引文桂冠奖——素有诺贝尔奖“风向标”之称。

## 01 Section 什么是基因剪刀

1953 年，剑桥大学科学家沃森和克里克第一次向全人类揭示了 DNA 双螺旋结构。这一所有生命共同的化学密码，掀开了生命科学的全新篇章。

[1] Cas 是 CRISPR 相关蛋白的简称，作为一种 RNA 导向的 dsDNA 结合蛋白，Cas9 效应物核酸酶是已知的第一个统一因子（unifying factor），能够共定位 RNA、DNA 和蛋白，从而拥有巨大的改造潜力。将蛋白与无核酸酶的 Cas9（Cas9 nuclease-null）融合，并表达适当的 sgRNA，可靶定任何 dsDNA 序列，而 sgRNA 的末端可连接到目标 DNA，不影响 Cas9 的结合。因此，Cas9 能在任何 dsDNA 序列处带来任何融合蛋白及 RNA，这为生物体的研究和改造带来巨大潜力。

基因（遗传因子）是具有遗传效应的 DNA 片段（部分病毒的遗传物质是 RNA，如 HIV），它是控制生物性状的基本遗传单位，储存着生命的种族、血型、孕育、生长、凋亡过程的全部信息。而基因编辑技术是指对基因组进行定点修饰的一项新技术。利用该技术可以精确地定位到基因组的某一位点上，在这个位点上剪断靶标 DNA 片段并插入新的基因片段。也就是说，它可以实现在活细胞内改造基因。

20 世纪之前，人们为了获得更高产的谷物，需采用新性状物种选育，耗时费力，得来全凭“运气”。20 世纪 30 年代，科学家们开始用 X 射线来照射种子和虫卵，使变异如同炸开的弹片一样在基因组内四散开来。在上百个由射线处理过的植物和昆虫中，只要有一例呈现出科学家们想要的性状，它们就会被保留下来，得到精心的呵护与培养；而剩余的则会被丢弃。红色果肉的葡萄柚和啤酒主要原料大麦，都诞生于此。一直到现在，科学家们仍常把种子和胚胎送入太空，期待它们在特殊环境下，发生人类期望的变异。这比人类从狼群中选育出家犬速度快多了，但在新特性出现之前，科学家仍然需要像远古人类一样祈祷“这一次能有好运气”。

新的基因编辑技术的出现改变了这一状况，这些基因编辑技术能够在活细胞中有效、便捷、精确地对基因进行精准改造，可以在特定的位置敲除、或者插入基因，就像文字编辑软件“修改文档”一样对基因进行“修正”，甚至能让人们更加高效地对基因进行“关闭”、“恢复”和“切换”等精准“手术”，因此被形象地称为“基因剪刀”。“基因剪刀”技术的出现，使在双螺旋面前“刀耕火种”已久的人类，第一次拥有了“上帝之手”。目前主要的基因剪刀有 3 种，分别是人工核酸酶介导的锌指核酸酶（ZFN）技术、转录激活因子样效应物核酸酶（TALEN）技术和 RNA 引导的 CRISPR-Cas 核酸酶（CRISPR-CasRGNs）技术。图 4-1 演示了

CRISPR-Cas 基因编辑技术的原理。

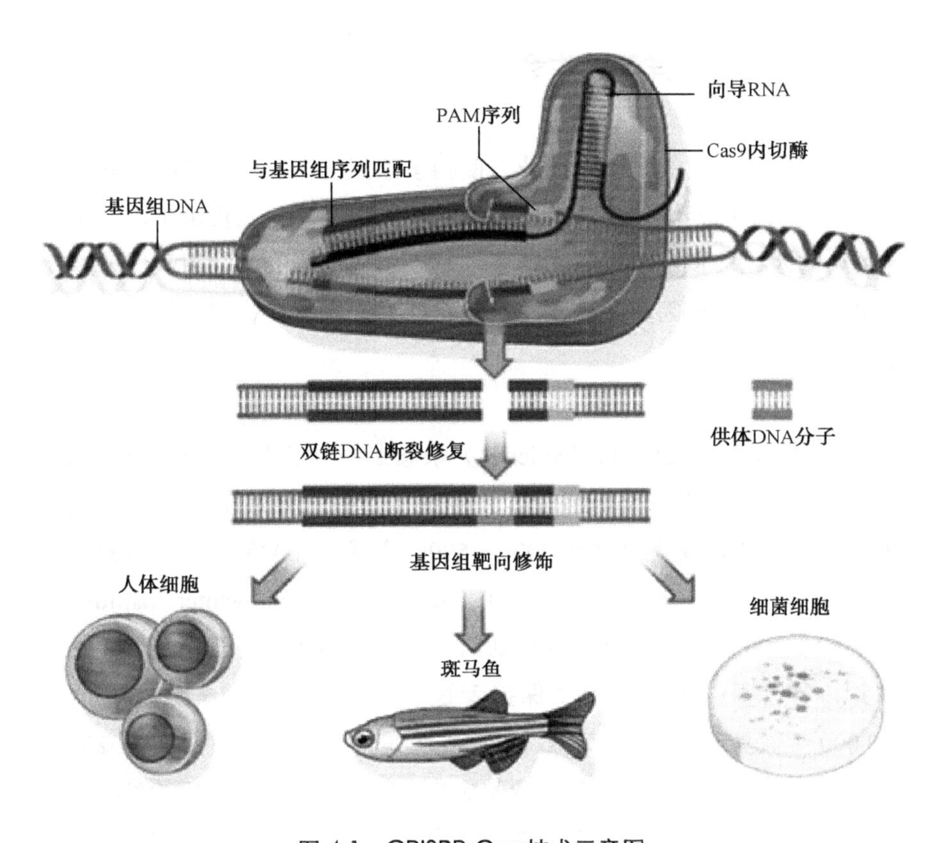


图 4-1 CRISPR-Cas 技术示意图

## 02 Section 基因剪刀可以做什么

基因是生命的代码，基因测序是人类认识基因的过程，而基因编辑则是人类改造基因的开始。它打开了人类改造生命、造福人类的大门。

### 1. 像上帝一样创造生命

基因剪刀强大的基因修改能力使科学家能制造出包含各种新基因的新物种，如肌肉强健的猪、米格鲁猎犬、抗病毒猪、抗真菌小麦、不容易腐烂的西红柿和不会过敏的花生等基因工程动植物。如果我们掌握了恐龙基因，利用基因剪刀，我们甚至可以让恐龙复活，或者说把鳄鱼变成恐龙。

2016 年 3 月 25 日，《Science》杂志上报告了生物技术专家 Craig Venter 博士领导的研究小组设计并合成了迄今已知最小的基因组微生物（图 4-2）。大多数细菌有 4000～5000 个基因来控制它们所有的生命过程，而这个人造细胞 JCVI-syn3.0（JCVI 是 J. Craig Venter Institute 的缩写）仅含有 473 个基因，这个基因组所含基因比任何已知的天然生物都少。自然界中的当前纪录保持者是一种寄生型生殖支原体，拥有 580 000 个碱基对。“它没有什么神奇的，就是活着，吃着，并且自我复制。” Craig Venter 幽默地说，“但它好歹是历史上第一个被设计而成的最小生物体。” JCVI-syn3.0 代表了合成生物学的巨大成功，其目的是生物学家逐渐能像工程师利用金属和硅一样，随心所欲地构建并改造生命体。

### 2. 矫正致病突变，治疗人类疾病

基因剪刀在医疗领域有着广阔的前景，它可以对人类胚胎细胞的基因进行编辑。色盲、白化病、智障、畸形……这些形形色色，防不胜防的遗传病从此不会再困扰着人类，只需拿起基因剪刀，对这些非正常基因进行修正即可。

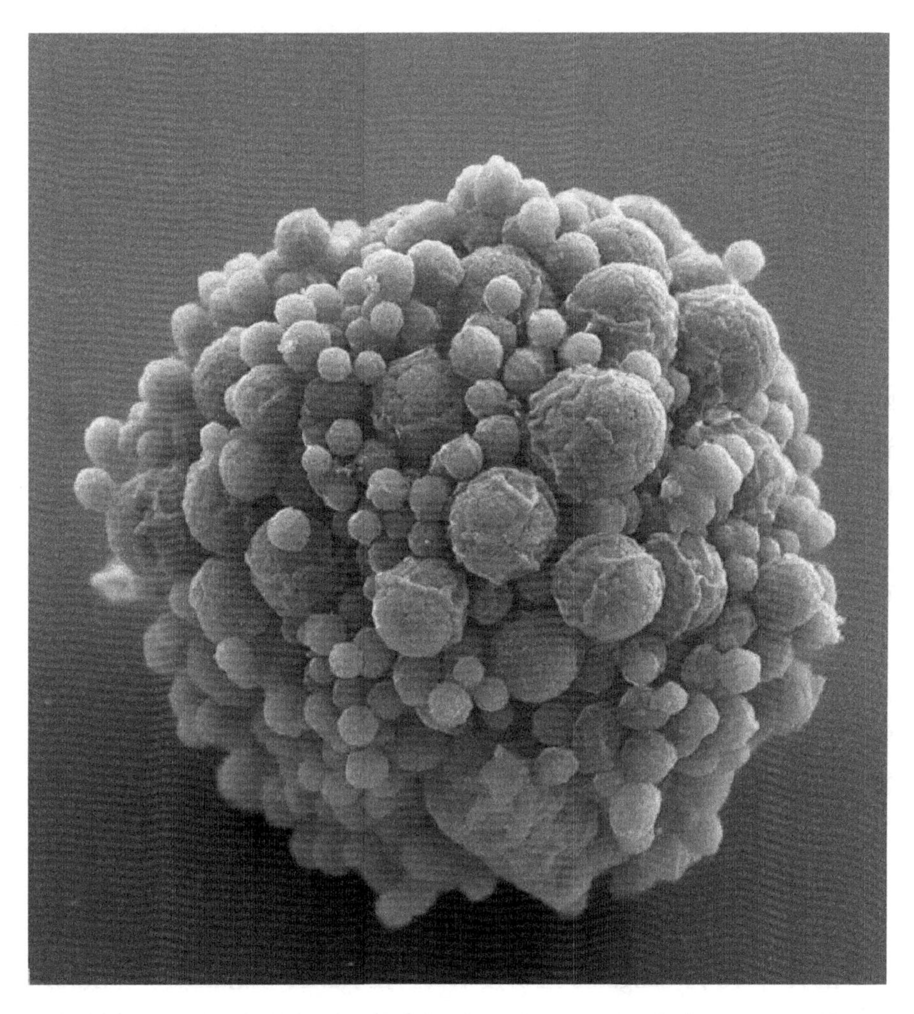

图 4-2　拥有最小基因组 JCVI-syn3.0 的人造生物

### 3. 让动物器官移植人体

利用基因剪刀可以对动物基因进行群体灭活，从而制造出能够移植给人类的动物器官，而不用等待人类供体，及时挽救生命。

# 03 Section 基因剪刀研究进展与应用

由于基因剪刀有着精确高、成本低及操作简便等特点，美国、中国、欧洲等数以千计的实验室、高中生以及“生物黑客”等都开始开发利用该技术，基因革命有望迎来继基因测序之后的第二波热潮。目前已有少数使用基因剪刀开发的产品出现，如美国利用 CRISPR 技术生产的蘑菇已经开始上市。未来，随着技术的成熟，基因剪刀技术应用前景很好，市场潜力巨大。

2016 年 6 月 2 日，哈佛大学教授乔治·丘奇等 25 名科学家在《科学》杂志上发文，宣布将筹集 1 亿美元，启动人类基因组计划的“非官方”后续项目——人类基因组编写计划。

## 1. 基因剪刀在疾病控制方面的研究进展

2011 年 10 月 Sangamo 生物技术公司在 Nature 杂志上发表一项临床前研究论文，证实可以利用 ZFNs 来进行高度特异性和功能性地校正从病人皮肤细胞获得的 iPSCs 中α1-抗胰蛋白酶（Alpha 1-Antitrypsin，A1AT）的基因缺陷。同时还表明基于 ZFN 的基因组编辑技术的精准性和广泛适用性使得该技术可以用来治疗单基因疾病。

2015 年生物工程师 Patrick Hsu 在加州萨克生物研究所建立了自己的实验室。他计划利用基因编辑工具建立帕金森病和阿兹海默症等神经退行性疾病的细胞和猕猴模型。相比于小鼠模型，猕猴模型能更有效地模拟人类行为和疾病发展。如果使用旧的基因编辑工具，建立猕猴模型成本极高，且进展缓慢，而基因剪刀的出现使这项工作变得容易得多。

2015 年 4 月，中山大学学者黄军就发表在《蛋白质与细胞》(*Protein and Cell*) 上的人类胚胎基因修饰研究，引发全球科学同行以及公众的激烈讨论。该研究亦成为当年 12 月在华盛顿召开的“国际人类基因编辑大会”的导火索之一。黄军就也因该项研究入选 Nature 杂志 2015 年十大科学人物。

2016 年美国天普大学的科学家在《科学报告》期刊发表论文，报告他们使用 CRISPR/Cas9 基因编辑技术从人类免疫细胞 T 细胞中移除 HIV 病毒的 DNA，阻止病毒的复制和细胞的二次感染。最新研究显示基因编辑技术可以防止病毒再次感染细胞。

## 2. 基因剪刀在遗传基因方面的研究进展

2015 年 4 月，北卡罗来纳州生物工程师 Charles Gersbach 研究出一项技术，利用一种使用失活的 Cas9 为基因组特定位点的组蛋白添加乙酰基（一种表观遗传标记）。研究发现，与 DNA 缠绕的组蛋白被乙酰化后，可以大大增加靶基因的表达水平。这证实了该系统的有效性，以及在这个位点，表观遗传标记有激活基因表达的功能。为基因快速编辑奠定了基础。

由麻省理工学院遗传学家 David Gifford、杨百翰大学遗传学家 Richard Sherwood 以及波士顿妇女医院领头的小组使用 CRISPR/Cas9 技术对 40 000 个碱基的序列引入突变，然后检查是否每个突变会对附近的、能产生荧光蛋白的基因的活力产生影响。这个项目最后得到一幅增强基因表达的 DNA 序列图，其中包括一些基于基因调控特征，如染色质修饰无法预测到的序列。

### 3. 基因剪刀在灭绝物种复活方面的研究进展

约 4000 年前，人类的狩猎助推了猛犸象的灭绝。来自哈佛医学院的 George Church 教授正在利用基因剪刀将濒临灭绝的印度象改造成猛犸象，或者至少是能抵抗寒冷的大象。来自加州大学的 Ben Novak 想复活一种曾经无处不在但因过度狩猎而在 19 世纪末期灭绝的鸟类——候鸽。目前，他的团队正在比较博物馆样本和现代鸽子的 DNA。Novak 利用 CRISPR 计划编辑现代鸽子的基因组，从而使这种鸟类更像已灭绝的候鸽。

### 4. 基因剪刀在病媒控制方面的研究进展

几十年来，研究人员一直在探索基因改造蚊子的想法，以阻止诸如登革热、疟疾等疾病的传播。2015 年 11 月，加州大学尔湾分校分子生物学家 Anthony James 用一种被称为基因驱动，将抗疟疾基因传递给蚊子后代的合成系统，培育出抗疟疾蚊子。基因驱动确保几乎所有蚊子的后代都能继承被编辑基因的两个拷贝，使其得以在整个种群中快速传播。

来自中科院的王晓群和同事利用 CRISPR 调整了参与雪貂大脑发育的基因。目前，他们正利用其改变这种动物对流感病毒的易感性。将来可以用于人类，减少流感的发生。

# 04 Section 产业发展

基因剪刀虽然在技术上尚不完全成熟，还存在很多技术障碍，例如，存在脱靶效应和基因矫正困难等问题，但是其产业化步伐正在加快。目前主要应用于医疗、食品、动植物病害防治、物种恢复等方面。比尔盖茨和谷歌都对 CRISPR 技术进行了风险投资，目前掌握基因剪刀的主要公司和研究机构有美国的 Editas Medicine 公司、Intellia Therapeutics 公司、Sangamo 生物公司、加州大学、麻省理工大学、天普大学、哈佛大学，德国亥姆霍兹感染研究中心，瑞士药物研发公司 CRISPR Therapeutics，中国的华大基因公司、中科院、北京大学、中山大学、河北科技大学等。

2015 年 9 月，基因组学公司——华大基因（BGI）在中国深圳发布的一种微型猪大受欢迎。它只能长到 15 千克左右，和一只标准达克斯猎狗的大小相仿，并决定以 1600 美元的价格将其作为宠物出售。BGI 还正利用 CRISPR 改变锦鲤的大小、颜色和样式。公司将在 2017 年或 2018 年开始出售锦鲤，并计划最终增加其他种类的宠物鱼。

2015 年 11 月，经过长时间的评审后，美国食品药品监督管理局批准了用于人类消费的首个转基因动物——由马萨诸塞州 AquaBounth 技术公司培育能快速生长的三文鱼。

2016 年，利用 CRISPR/Cas9 基因编辑技术得到的工程化蘑菇已经开始种植并且售卖，而美国农业部目前并没有对这种新型的 CRISPR/Cas9 基因编辑蘑菇进行管制，这或许意味着这种新型蘑菇并不需要进行监管机构的相关监管程序来进行培养并且售卖，而首个 CRISPR 编辑的有机体或许已经接到了美国政府的“绿灯指示”。

2016 年 6 月 7 日，新疆畜牧科学院宣布，他们使用基因编辑技术，在国际上首次获得了不同毛色图案的细毛羊。天生原本应该白白的小羊羔，如今一出生却与众不同：两只毛色纯黑，头顶部有白色斑点；两只毛色黑白相间像大熊猫的外衣；还有一只毛色是棕白相杂。给小羊羔“染发”的，不是化学试剂，而是“基因剪刀”。

近几年，数以亿计的美元涌入了生物医药初创行业。2015 年 12 月估值 960 亿美元的德国制药公司拜耳（Bayer）在未来 5 年将会投资 CRISPR Therapeutics 至少 3 亿美元的资金，用于开发 CRISPR/cas9 基因编程技术，治疗血液病、失明、先天性心脏病等疾病。Bayer 用 3500 万美元，成为 CRISPR Therapeutics 最大的股东。

CRISPR 技术的先驱张锋与切奇教授联合创立的 Editas Medicine 公司试图在 2017 年将该技术运用在人体上。2016 年 1 月 4 日，Editas Medicine 向美国证券交易委员会（SEC）提交了 IPO 的申请，准备在 NASDAQ 以 EDIT 为股票上市。它准备通过 IPO 以 16~18 美元的价格出售 590 万股，募集约 1.2 亿美元资金，以此价格计算，Editas 的估值大约为 8 亿美元。Editas Medicine“宿命中”那位强大的竞争对手 Intellia Therapeutics 也于日前递交了招股书，拟 IPO1.2 亿美元，以 NTLA 为股票代号在 NASDAQ 上市。

未来，如果基因编辑技术更加成熟，其在医疗、农业等方面的应用规模将以万亿元计算。

## 05 Section 对经济和社会的影响

### 1. 对医疗产业产生革命性影响

2015 年 1 月，美国总统奥巴马在他最后一次国情咨文中，宣布了一个生命科学领域新项目——精准医疗计划（Precision Medicine Initiative）。这一计划将使我们向着治愈诸如癌症和糖尿病这些顽症的目标迈进一步，并使所有人都能获得自己的个体化信息。

在精准医疗的大环境下，基因剪刀给医疗产业带来巨大商机。一旦成功应用，实现基因的快速编辑，遗传疾病将不再遗传，流行疾病将不再流行，艾滋病、癌症不再无药可救。这将大大提高人类的生活质量。

### 2. 促进农业革命的到来

基因剪刀可以通过修改动植物基因，提高农作物产量和农作物抵抗疾病的能力，提高饲养动物的品质和产量，阻止群养动物的流行病发作。这一技术还可以用来操纵生态群体，比如，根据毒力或者抗性基因杀死相应的细菌、快速改变种群性状、控制入侵物种等。这些最终可能促使一场农业革命的到来。

### 3. 促进人类文明的发展

人类的演化已经不是生物水平的演化了，更多的是社会、文化的演化，基因编辑可以控制甚至消除人类有害基因的积累，对于人类文明进步具有重大意义。

### 4. 基因安全刻不容缓

基因剪刀使基因编辑变得容易，在带来福利的同时，也可能产生意想不到的危害。如同核技术，既可以用于建设核电站，也可能用于生产核武器。美国国家情报总监詹姆斯·克拉珀近日在美国情报界年度全球威胁评估报告中，将“基因编辑”列入“大规模杀伤性与扩散性武器”威胁清单。虽然把基因编辑比作核弹有点危言耸听，但是基因编辑这把“剪刀”到底怎么切才安全，值得探讨。

### 5. 伦理面临挑战

2015 年中山大学的研究人员宣布，他们用新生的基因编辑工具 CRISPR/Cas9 修改了人类胚胎的基因组，从而引发了重大的伦理争论。随着这项技术不断取得进步，对胚胎内的基因进行修改面临的障碍也在慢慢消失，为所谓拥有特定相貌或智力的“设计婴儿”打开了大门。未来，使用这项技术可以人为设计一个超级胚胎，即所谓设计一个更加优秀的“超人种”。那么基因编辑红线又在哪里呢?

不管好与坏，基因剪刀正在改变我们的生活，甚至改变着人类本身。这一技术将带领生物学研究进入一个新的时代。

霍金警告称，转基因病毒可能会灭绝整个人类种族。我们目前并不完全清楚基因的运作方式。修改 DNA 的一部分并非一直会带来预想的结果，而是有可能制造出其他的意外，比如说难以控制病毒的出现。霍金称，超乎我们想象的耐抗生素病毒的出现和发展只是个时间问题。

# 第5章
Chapter 5

# 你能做的，机器人也可以

1962 年 Unimation 公司生产了第一台机器人 Unimate 并在通用汽车公司（GM）投入使用，至今，机器人已经有 50 多年的发展历程了，这期间，机器人技术不断取得重大进展。机器人最初被用来完成肮脏、枯燥以及具有危险性的任务。如今，机器人技术已经应用到更广泛的领域中，机器人能够在人们工作、休闲或居家的日常生活中增强人们的能力。2016年3月谷歌旗下DeepMind公司的人工智能程序“阿法狗”( AlphaGo )对战世界围棋冠军、职业九段选手李世石，并以 4：1 的总比分获胜。引起了人们对具有人工智能的机器人的高度关注。

## 01 Section 什么是机器人

### 1. 机器人一词的来源和机器人三原则

机器人一词最早来源于科幻小说。1920 年捷克斯洛伐克作家卡雷尔·恰佩克在他的科幻小说《罗萨姆的机器人万能公司》中，根据 Robota ( 捷克文，原意为“劳役、苦工” ) 和 Robotnik ( 波兰文，原意为“工人” )，创造出“机器人”这个词。1942 年，科幻作家阿西莫夫在作品《我，机器人》( 图 5-1 ) 中第一次明确提出了“机器人三原则”。第一条：机器人不得伤害人类，或看到人类受到伤害而袖手旁观；第二条：机器人必须服从人类的命令，除非这条命令与第一条相矛盾；第三条：机器人必须保护自己，除非这种保护与以上两条相矛盾。

图 5-1 《我，机器人》电影剧照

## 2. 机器人的定义

机器人是指自动执行工作的机器装置，它既可以接受人类指挥，又可以运行预先编排的程序，也可以根据人工智能技术制定的原则纲领行动，来协助或取代人类的工作。机器人是靠自身动力和控制能力来实现各种功能的一种机器。联合国标准化组织采纳了美国机器人协会给机器人下的定义："一种可编程和多功能的，用来搬运材料、零件、工具的操作机；或是为了执行不同的任务而具有可改变和可编程动作的专门系统。"我国科学家对机器人的定义是："机器人是一种自动化的机器，所不同的是这种机器具备一些与人或生物相似的智能能力，如感知能力、规划能力、动作能力和协同能力，是一种具有高级灵活性的自动化机器。"

机器人是历史的产物。随着社会发展，机器人的概念也在不断变化。以往，机器人主要是指具备传感器、智能控制系统、驱动系统三个要素的机器。然而，随着数字化的进展、云计算等网络平台的充实及人工智能技术的进步，一些机器人即便没有驱动系统，也能通过独立的智能控制系统驱动，来联网访问现实世界的各种物体或人类。未来，随着物联网世界的进化，机器人仅仅通过智能控制系统，就能够应用于社会的各个场景之中。如此一来，兼具三个所有要素的机器才能称为机器人的定义，将有可能发生改变，下一代机器人将会涵盖更广泛的概念。以往并未定义成机器人的物体也将机器人化。例如，无人驾驶汽车、智能家电、智能手机、智能住宅等也将成为机器人之一（图 5-2）。

图 5-2 Ekso Bionics 正在研发仿生学外骨骼机器人

## 02 Section 机器人涵盖哪些技术领域

机器人技术涉及机械学、电子工程学、计算机科学、控制论、生物学、人类学、社会学等多个领域的技术。例如，对于人类很简单的上下楼梯、取放物品等活动，机器人却并不容易实现，需要在高精度、高可靠性感知，规划和控制性等关键技术方面有所突破。

应用在不同领域的机器人所需的关键技术也有所不同。制造业机器人涉及的技术能力包括：①机器人的学习和适应能力，特别是在不确定环境（非结构化环境）中，机器人通过“迭代学习”技术或者不断观察人类执行任务的示范学习，调整参数以优化性能，适应不断变化的环境，从而使机器人能够像工人一样在加工制造环境中进行灵活性操作。②建模、分析、仿真和控制技术，实现生产制造的模拟与控制。③控制和规划技术，未来的机器人将需要能够处理具有更大不确定性的系统，这就需要其具备更先进的控制和规划算法、更广泛的冗余度、比当前系统可以控制更多的自由度。④感知技术，机器人必须能够通过高保真的传感器或操作来减少不确定性。我们需要更好的触觉、力量传感器和更好的图像解释方法。重大的技术挑战包括非侵入式生物传感器以及能够表达人类行为和情绪的模型。⑤新型机械装置和制动装置，提高机器人的精度、可重复性、分辨率、安全性等机械性能指标。⑥人机交互，人和机器人交互操作的设计包括自然语言、手势、视觉和触觉技术，这些交互方式也是未来需要考虑的问题。另外，还包括与“云机器人”有关的技术，如 “大数据”技术、网络技术等。医疗机器人更注重机器人对人类状态和行为的理解能力，用户身体数据的监测和预测能力，手术过程中机器人高度灵巧的操控技术，传感器自动化数据采集技术，以及稳妥、安全的机器人行为。服务机器人更注重机器人在人类生存环境下的操作与规划能力，新技能学习能力等。空间机器人更注重机器人的自主性技术的发展。

## 03 Section 应用领域与产业发展现状

### 1. 应用领域

从工厂到日常生活，机器人的应用领域不断得到扩展。目前，机器人已经被应用在制造业、服务业、医疗保健、国防以及空间探索等各个领域。按照这些应用领域，机器人可以分为工业机器人、医疗和保健机器人、服务机器人、空间机器人、国防机器人等。每种机器人又可以细分。例如，根据国际机器人联合会的分类，医疗机器人归属于专业服务机器人，其自身可以分为诊断机器人、外科手术辅助机器人、康复机器人及其他机器人。

三个重要因素推动着机器人的应用方向不断地发生变化：①国际环境中日益激烈的生产力竞争；②人们需要在老龄化社会中提高生活质量；③使现场急救人员和士兵远离危险。经济增长、生活质量提高、急救人员的安全一直是机器人技术发展的重要驱动力。

机器人技术已经先进到足以成为“人类增强型”劳动力，可将它看作完成肮脏、枯燥和危险任务的同事。机器人已在许多方面证明了它的价值，比如，减少现场急救员和士兵直接接触危险环境等方面。在汶川地震之后，很多人都想对破坏造成的实际结果有更清晰的认识，这是一个很大的挑战，此时，可部署机器人对破坏的量级和环境冲击做出评估。在墨西哥湾井喷的后续处理上，也证实了一个类似的机器人系统所能发挥的作用。

未来，随着老龄化趋势的形成和机器人本质安全性的提高，机器人渗透到人类的日常生活已经不可避免。机器人将成为我们的同事、朋友，同我们一起工作，陪我们下棋、打球、聊天，与我们朝夕相处。机器人可以和人类一样，加入就业大军，根据各自的专长实现就业。

### 2. 产业发展现状

在过去的 40 年里，在机器人应用方面取得了巨大的进步，工业机器人、医疗机器人、服务机器人、国防机器人的数量和市场规模均实现大幅度增长。由于机器人的重要性，美国、日本、韩国、德国、英国、中国等国家都投入了大量的经费进行研究。在机器人技术和制造的相关领域，投资的比例非常明显。韩国将机器人研究和教育作为 21 世纪前沿项目的一部分，从 2002 至 2012 年，韩国每年投资 1 亿美元。欧盟已经向机器人技术和认知系统投资了 6 亿美元，并将其视为第七个框架计划。地平线 2020 项目将再投资 9 亿美元在制造业和机器人技术上。在接下来的 10 年里，日本将在人形机器人、服务机器人及智能环境上投资 3.5 亿美元。

2011 年，美国工业机器人销售增长了 44%。在一些公司，已经将机器人生产系统作为生产制造的促进者，如苹果、联想、特斯拉、富士康等。机器人的应用正从一些大公司如通用、福特、波音、洛克希德·马丁公司等过渡到中小型企业，使得一次性产品的制造呈现爆发状态。2015 年中国工业机器人产量为 32 996 台（包括外资品牌），同比增长 21.7%，自主品牌工业机器人共销售 22 257 台，同比增长 313.3%。2012 年以来，美的公司累计投入约 50 亿元进行的自动化改造，现在美的各类工厂内正在使用的工业机器人已达 800 多台，预计 2015 至 2017 年该集团将新增机器人 1700 台，后期每年以 30%左右的增幅投入机器人。赛迪研究院的研究显示，到 2020 年中国工业机器人保有量将增至 50 万～60 万台。

过去几年，医疗手术中使用机器人的数量逐年增长，年均增长率为 40%。最初，仅将机器人应用在心胸外科、妇科、泌尿科。在外科手术中，使用机器人已经能够把引发并发症的概率降低 80%，并且能够在很大程度上缩短住院治疗时间，使病人能够很快恢复劳动能力并回归到正常的工作生活中。考虑到社会的老龄化，如今医疗机器人已经在包括前列腺和心脏病的手术程序在内的众多外科领域中功绩斐然。机器人也在康复和智能假肢方面得到应用，能够帮助人们恢复丧失的功能。远程医学和辅助机器人技术方法使得向一些偏远地区提供医疗保障成为现实，包括缺乏医疗专业知识技术支持的农村和灾后、战后地区。在未来的 15 年，外科手术方面的机器人数量将增加一倍。图 5-3 是美国佐治亚医护机器人实验室研制的辅助机器人。

机器人在专业服务与家政服务上的应用也得到大规模增长。自动真空吸尘器的销量超过 600 万台，在世界范围内使用自动割草机的数量超过 20 万台。此外，也可将机器人应用在人身安全方面。专业服务包括电厂检查以及桥梁等的基础检查。服务机器人也可用于分拣应用，如分拣床上用品、餐品以及医院的药物等。专业服务机器人的年增长率为 30%，家政方面机器人增长率已经达到 20%以上。

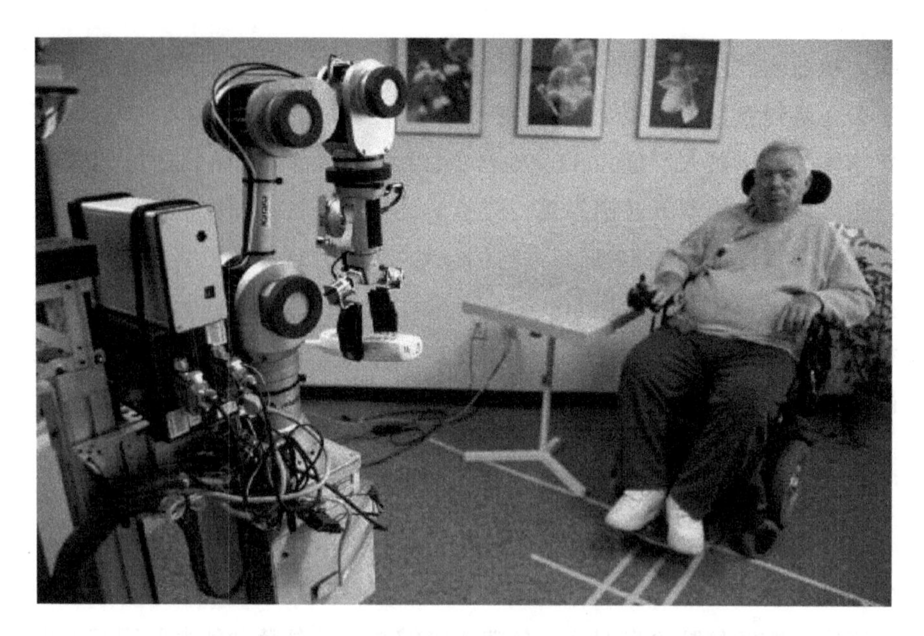

图 5-3　美国佐治亚医护机器人实验室研制的辅助机器人

麦肯锡预测机器人市场将达到万亿元规模，其中工业机器人占三分之一，服务机器人占三分之二。IFR 预计未来五年我国服务机器人市场将超过工业机器人，市场空间巨大。据中国机器人产业联盟（CRIA）统计，近来服务机器人市场开始迅速增长，比如，家庭娱乐用无人机、外骨骼机器人等均很受欢迎，预计到 2020 年，我国服务机器人年销售收入有望超过 300 亿元。

## 3. 相关公司与产品

当今世界，机器人公司众多，推出了各种机器人。例如，日本本田公司推出的三代仿人机器人产品——P2、P3、ASIMO，索尼公司的 SDR-3X 人形娱乐型机器人，英国 Essex 大学的机器鱼，德国的可下楼梯的机器人，美国的机器狗，NASA 研发可远程控制的太空机器人 R2，中国国防科大的机器蛇，海尔的“Ubot”等都是性能不错的机器人。麻省理工学院人工智能实验室制作的机器人 Kismet，能识别人类的肢体语言和说话的音调，并做出相应的反应。重新行走机器人公司（Rewalk Robotics）生产的机器人是第一个通过美国食品和药品管理局（FDA）认证的外骨骼机器人，2015 年营业收入为 374.6 万美元。美国 Ekso Bionics 公司生产了一款可穿戴的、通过电池供电的仿生机械腿，将之穿在身上后，它可以提供必要的支撑力，在双手手杖的辅助下，让人重新站立。这款 Ekso Bionics 设备的核心就是其背后的微型计算机，可以计算出最舒适的助力控制数据和对病人行走习惯的模仿（图 5-2）。iRobot、Facebook、腾讯、百度和小米等企业也致力于人工智能聊天机器人和家庭服务类机器人。图 5-4 为 iRobot 公司生产的扫地机器人 Roomba，它在硬件上采用三段式吸尘系统：扫—卷—吸，在软件上，搭配 iAdapt 人工智能系统，利用先进的软件和侦测技术，以 60 次/秒的运算速度，再配合 40 多种反应动作来感知清扫环境，最终完成清扫动作，保证了清扫的干净程度。另外，它还能在没电的时候自动回座到充电底座上，完全的智能化。2016 年 7 月 25 日，曾生产了火爆春晚和元宵晚会现场的阿尔法机器人的公司——优必选科技推出一款可编程的 Jimu 机器人。“直觉外科公司”生产的“达·芬奇（daVinci®）手术系统”是医疗机器人的代表，能够提供远程操作解决方案，可以缩短手术时间，确保更可靠的手术结果。

图 5-4　Roomba861 型扫地机器人

谷歌公司为了抓住机器人的未来发展，成立了波士顿动力公司，生产了 Atlas 机器人，又收购了日本的 Schaft 公司，生产了 HRP-2 机器人。这两款机器人在两年一次的 DARPA 机器人挑战赛（2013 年）中获得第一、第二的好成绩。该赛事设计了攀爬梯子、开门、清除门前垃圾、崎岖道路行走、破拆墙面、连接消防栓、关闭漏水阀门以及驾驶汽车八项比赛任务。2012 年，亚马逊意识到机器人技术的重要性，耗资 7 亿美元收购 Kiva 系统公司，从而能够将最好的技术用于数据库自动化。2016 年，阿里巴巴、鸿海集团（台湾地区富士康集团）与日本软银集团合作，推出了服务型机器人 Pepper，获得台湾地区第一银行、家乐福、国泰人寿、台新银行、亚太电信等公司的聘用（租借）。机器人月薪（租金）26 888 元新台币（5400 元人民币），服务期限为 2 年，比大学毕业生的工资 22 000 元新台币（4400 元人民币）还多。

## 04 Section 对经济和社会的影响

机器人的发展有可能对每个行业造成前所未有的冲击。机器人正在走向人们的日常生活，并将影响经济的发展模式，促进产业结构变化。

### 1. 引发社会变革的技术

机器人技术是少有的几个能够产生像因特网变革那样影响的技术之一。机器人有潜力改变国家的未来，并且有望在未来几十年里像今天的计算机一样无处不在。机器人现已成为一些公司开展工作的一项关键技术，如苹果、联想、特斯拉、富士康，等等，而且在许多情况下，人们不得不依赖家人或护士来完成如剃须、做饭、个人卫生等基本日常行为，这些人都很依赖机器人。机器人成为我们的同事，根据拥有的技能应聘工作，改变社会只由人类构成的现状。

## 2. 极大地提高生产率，有利于应对老年化危机

我国正在逐步进入老龄化社会，劳动力总数开始减少。机器人的出现正是解决这一问题的最佳方案。不但可以解决劳动力短缺问题，还可以提高劳动生产率。目前珠江三角洲地区出现的“机器换人” 体现了这一趋势。未来，随着机器人技术的成熟，越来越多的工作均可以由机器代替人，这一清单会越来越长。机器人技术的发展改变了人与机器之间的分工。随着服务型机器人的出现，由人完成的工作领域将更少。更多的人将转向设计领域和管理领域。由于机器人在许多具体的工作中，效率比人类要高，机器人替代人工的过程必然提高了劳动生产率。或者说，人类在机器人的辅助下，人均产能更高，创造的价值更大。特别是服务型机器人的出现将使服务业实现质的飞跃，改变服务业生产率低的现状，促进社会生产率的提高。人类也将有更多的时间用于学习和享受生活。

## 3. 改变制造业竞争力的技术

在生产制造领域采用机器人可能形成比外包给低工资国家更具经济竞争力的生产系统。例如，中国的制造业一直以来靠低廉的人力成本占据世界市场。而美国正雄心勃勃地想通过把机器人应用到制造业，提高生产效率，抵消美国高昂的人工成本，让制造业回流。2012 年 8 月，瑞森可机器人公司（Rethink）宣布它们生产的“巴克斯特”号（Baxter）机器人能够在几乎没有经过训练的情况下直接进行编程。在安装和操控方面的花费有所降低，改变了未来商业案例中对自动化技术的应用需求。

机器人技术让现代制造业管理更加柔性化，更加精益化，更能满足市场需求。中国在未来如何确保自己的世界工厂地位，值得深思。

### 4. 机器人使在家医疗、居家养老成为可能

机器人技术已经开始对医疗保健产生积极影响。医疗机器人的使用能够拓宽获取医疗保健的渠道和优化疾病预防和患者恢复成果，甚至改变传统的到医院看病的方式。病人在家接受远程医疗将会在未来成为现实。目前，机器人作为计算机一体机的应用使精确的、有针对性的医疗干预已经成为现实。有一种假设，手术和介入性放射学将会在计算机与机器人整合的过程中转型，一如几十年前自动化技术在制造业中引起的革命性变化。康复机器人使更大强度的治疗成为可能，从而不断适应患者需要，比传统方法更加有效。随着人口老龄化趋势愈发明显，机器人技术正向促进居家养老，推迟老年痴呆症的发生，给老年人提供陪伴，缓解老年人孤独感的方向发展。此外，机器人传感和活动建模方法可能在改善早期筛查、持续评估和个性化、有效的经济干预和治疗中扮演着关键角色。医疗机器人能够减轻创伤、减少副作用，从而节约康复时间，提高劳动生产率。微尺度干预和智能假肢，可以降低对家庭、护理人员和雇主的影响，降低社会成本。

### 5. 造成技术垄断，使强者更强

2010 年，一个新的范例出现了，“云机器人”将数据处理和管理转变到云端。“机器人不是一座孤岛”，这一观点受到像谷歌、思科一样的主流公司的广泛关注。机器人需要基于大数据、云计算才能发挥其最大功能。而云计算遵循网络效应，网络价值增加的速度远超过规模扩大的速度。越多人使用人工智能，它就会变得越聪明，就会有更多人使用它。

一家公司进入这种良性循环后，规模会变得极大，发展速度极快，以至于对其他新兴竞争对手形成压倒性优势。结果就是，未来的人工智能将由两到三家寡头公司主导，并以基于云端的多用途商业产品为主。谷歌将在已经领先的高度加速发展，扩大与追赶者之间的优势。因此，我国企业必须加快发展步伐，要么成为强者，要么被淘汰。

### 6. 迫使传统行业、人才结构发生改变

随着机器人技术的成熟，传统行业将进一步遭到挤压。如同电子邮件取代邮寄信件一样，传统行业要么进行智能化改造，要么走向消亡。机器人在各个领域的应用，将促进产业的全面转型升级，并将带动新一轮创新驱动型产业布局和投资。并对人才结构进行改变，促进设计开发行业的发展，更多的高科技人才有了用武之地，但是重复性劳动和简单的脑力劳动需求减少。

### 7. 激发新产业的形成

机器人产业的发展将对原材料、大数据、集成电路、高端计算、虚拟现实、通信等形成新的需求，有利于培育新的高技术产业。未来，机器人的核心技术不断突破，以前不敢奢望的众多用户需求将因为得到技术支撑而得以实现。如同手机、计算机成为人们的日常消费品一样，随着无人机、服务型机器人、医疗机器人、智能驾驶汽车、可穿戴设备等产品的产业化，一大批与人工智能相关的新消费需求也将被有效激发，有数据显示，这将是一个以万亿元计的庞大市场。

## 05 Section 结 语

人类一直在追求更快、更高、更强。机器人帮我们实现了梦想。但是，如果将来的奥运会允许机器人参加，还会有人类胜出吗？既然机器人可以成为优秀的国际象棋选手，那么合理地推测，它也可以成为优秀的飞行员、驾驶员、医生、会计、法官、教师。终有一天，人类能做的，机器人也能做。机器人与人，我们之间的差别在哪里？机器人会不会产生高级智能？机器人是否最终会取代人类？

# 第6章

Chapter 6

# 神经形态芯片：后摩尔时代的新选择

通过 Qualcomm Zeroth 项目，你可以窥见计算的未来。机器人完成的这些任务过去通常需要强大的、经过专门编程的计算机完成，耗费的电力也多得多。而“先锋”只是配备了一个智能手机芯片和专门的软件，就能识别从前机器人无法识别的物体，根据它们与相关物体的相似程度来做分类，再把它们传送到房间中正确的位置。这一切并不是源于繁复的编程，而只是因为人们向它演示过一次它该往哪里走。机器人可以做到这些，是因为它模仿了人脑的运作，尽管这种模仿非常有限。

——“麻省理工科技评论”如此评价高通 Zeroth 神经形态芯片项目

当摩尔定律正走向终结，芯片行业 50 年的神话要被云计算、软件以及全新的计算架构打破的时候，芯片行业如何适应当下科技发展的最急需？未来何处去？当近两年 IBM、高通陆续发布神经形态芯片的时候，这个问题的答案不再是悲观、疑惑，反而异常振奋人心。神经形态芯片被认为将为整个计算机乃至科技界带来颠覆性的改变。

## 01 Section 神经形态芯片是什么

神经形态芯片是仿照生命体神经系统架构来设计超大规模集成电路

（VLSI）的硬件电子技术，由 VLSI 的发明者卡弗·米德（Carver Mead）[1] 首先提出。在实验中他发现细胞中离子通道和电子三极管具有十分相似的电压—电流关系，故而提出用模拟电路搭建硅神经元去模仿生物神经结构的脉冲特性，试图用芯片来仿真神经系统的运行，从而提高计算机在处理感知数据上的思维能力与反应能力。

近年来，从神经形态芯片出发形成神经形态学、神经形态计算、神经形态技术、神经形态工程等提法，包括模拟、数字或数模混合的 VLSI 芯片制造及算法设计，模仿大脑的理解、认知、行动能力，实现神经系统感知、机械控制、多传感器聚合等功能。

神经形态芯片的研究方向主要归为两大类：一类是数字式神经拟态，通过研究神经的运行机制，在数字芯片上运行神经元的仿真程序并生成类似神经冲动的信号，拟态神经元模型进行数据处理，例如，视皮层模拟、神经形态计算等。另一类则是模拟式神经拟态，利用硅的半导体特性，直接将神经细胞的信号传导方式转换到硅基导体上做电路模拟，这种模拟式神经元能够较真实地达到和生命体一样的运算速度，但是搭建难度大。最典型的例子就是将芯片植入人脑内，进行记忆修复。

[1] 美国计算机科学家，加州理工学院教授。创造了“神经形态”（Neuromorphic）这一术语，并且是第一个强调大脑在节能方面具有巨大优势的学者，被称为“神经元芯片之父”，同时也是超大规模集成电路的开创者，摩尔定律的提出者之一。

## 02 Section 神经形态芯片与传统芯片的区别

传统计算芯片采用的冯·诺依曼架构，通过总线连接存储器、处理器，擅长执行序列逻辑运算，有助于数据的解读和处理。随着处理数据的海量增长，总线有限的数据传输速度造成了“冯·诺依曼”瓶颈，主要体现在自我纠错能力收到局限、高功耗、低速率方面。对于正处在“后摩尔时代”的现在，传统芯片的基本性能正在一步步逼近极限。

与采用传统芯片相比，人脑的信息存储和处理是通过突触这一基本单元实现的，人脑中千万亿个突触的可塑性使得人脑具备强大的记忆和学习能力。

较尝试模拟人脑的超级计算机，大脑具备以下三个优势：

- 低功耗：人脑的能耗仅约 20 瓦，而超级计算机需要数兆瓦的能量；
- 容错性：坏掉一个晶体管就能毁掉一块微处理器，但是大脑的神经元每时每刻都在死亡；
- 不需为其编制程序：大脑在与外界互动的同时也会进行学习和改变，而不是遵循预设算法的固定路径和分支运行。

神经形态芯片模仿人脑架构设计，通过硅神经元模拟突触并以大规模平行方式处理信息，模拟可变、可修饰的神经变化，从而像人脑一样，在记忆和学习功能上具备优势。传统计算芯片和神经形态芯片各自优势和特点见表 6-1。

**表 6-1　传统计算芯片和神经形态芯片各自优势和特点**

| | 信息处理上的优势 | 特　点 |
|---|---|---|
| 神经形态芯片 | 更强的可塑性、容错性、认知能力；可探测和预测复杂数据中的规律和模式；低功耗 | 在视觉或听觉上可以有更丰富的应用，需要结合机器来调节其和世界的互动 |
| 传统芯片 | 可信地执行精确计算 | 可解决任何可抽象为数字问题的事物，复杂度与功耗成正比 |

近年来，人工智能在硬件实现上主要是通过联立众多机器进行大型神经网络仿真，如谷歌的深度学习系统 Google Brain，微软的 Adam 等。这些网络需要大量传统计算机的集群。例如：Google Brain 计划 2012 年的 Google Cat[2]采用了 1000 台各配置 16 核处理器的计算机，单位能耗 0.16 兆瓦[3]，2016 年的 AlphaGo 采用 1202 个 CPU、176 个 GPU，单位能耗 0.173 兆瓦，这种架构尽管展现出了相当的能力，但是能耗巨大。对比而言，IBM 在 2015 年将 4096 个内核、100 万个硅神经元、2560 万个仿突触结构集成在直径只有几厘米的芯片上（其尺寸是 2011 年原型的 1/16），能耗不到 70 毫瓦。研究小组曾利用 IBM 的神经形态芯片做过 DARPA 的 NeoVision2 Tower 数据集演示，实验显示其能实时识别出视频[4]中的人、自行车、公交车、卡车，准确率达到 80%。相比之下，一台笔记本编程完成同样的任务的用时要多 100 倍，能耗是 IBM 芯片的 1 万倍。图 6-1 是摩尔时代处理器处理频率与功耗的关系。

[2] 2012 年的展示成果：在未被告知猫是什么东西的情况下，通过观看 Youtube 视频，从中学会识别视频中的猫。

[3] 1 兆瓦=$10^6$ 瓦。

[4] 以 30 帧每秒频率拍摄，画面拍摄内容为斯坦福大学胡佛塔的十字路口的穿梭情况。

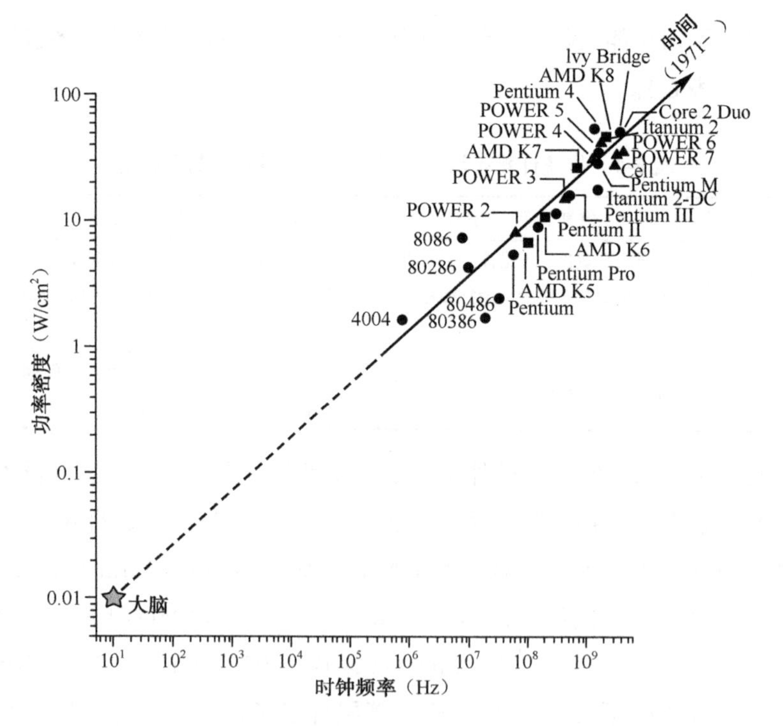


图 6-1　摩尔时代处理器处理频率与功耗的关系

# 03 国内外研究及产业发展现状

Section

## 1. 学术界研究情况

（1）欧洲

学术界最前沿的神经形态学研究，欧洲占比最大，成果突出，主要是受到欧洲“人类大脑计划”的赞助，其中聚焦神经形态的研究是仿脑工程中的一个重要大类。

人类大脑计划（Human Brain Project, HBP），开始于2013年，投资总额10亿欧元，吸纳有来自24个国家800多名科学家的参与，是欧盟未来旗舰技术项目之一。计划在2023年完成一份大脑模拟图以及一系列仿脑计算原型工具。其中德国海得堡大学和英国曼彻斯特大学是从事神经形态项目研究的主力，都试图设计出一台具有大脑认知和计算功能的计算机，两个团队采用了不同的技术路线。

海得堡大学的迈耶博士团队负责设计制造的Spikey模拟计算机，其核心的神经形态芯片是采用我们之前说的模拟式神经拟态方式，用连续变化的电压而不是采用0/1数字状态来仿真神经系统的运行方式，通过定制操作系统，仿真突触神经元间高度复杂的连通性，对神经系统建模。报告显示，他们成功模拟出昆虫气味处理系统，可以通过闻花来判断植物种类。

曼彻斯特大学的史蒂文·菲布尔团队负责设计的搭载神经形态芯片数字计算机SpiNNaker，由定制的100万颗异步处理的微处理器所构成，用来建立1%的大脑模型并仿真，属于数字式神经拟态。该项目计划在2020年制造出性能提升10倍而规模不变或更小的计算机。

苏黎世大学与苏黎世联邦理工学校联合成立了神经信息研究所。该研究所的英迪维利博士是“人类大脑计划”（HBP）的独立负责人，研究的目标是采用神经形态学原理搭建一个自主认知系统。他们尝试利用亚阈值硅特性来开发神经形态芯片，使得电子设备的运行速度参同生物回路，这种在芯片设计中利用数模混合的方式也是神经形态芯片研制的一种路径。

（2）美国

人类大脑计划的美国版是 Brain 2025 计划，由美国国立卫生研究院（NIH）在 2014 年提请建议，同时由美国国家自然科学基金会（NSF）和美国国防部先进研究项目局（DARPA）负责全面推进，为期 10 年，总投资 45 亿美元。发现多样性、绘制多尺度图谱、活动的大脑、证实因果关系、确定基本原理、推动神经科学发展是该项目的七大优先领域，其中神经形态技术方面的主要研究力量是 IBM 和 HRL 实验室。

IBM 阿尔马登实验室位于圣何塞，该团队与哥伦比亚、康奈尔，加州大学默塞德分校、威斯康辛-麦迪逊四所大学合作，联合研发神经形态学计算机的原型机——SyNAPSE。他们研制开发的神经形态芯片可集成 100 万个硅神经元，可自己响应接收的信息，像真正的大脑一样重新连线。除神经形态芯片外，IBM 还在研究其他形式的神经形态计算模式。比如 2012 年，IBM-劳伦斯利物莫国家实验室研制出一台名为 Sequoia 的超级计算机，模拟人类大脑的交流方式，使用常规电路在 5000 亿个神经元和 1000 亿个神经突触之间进行仿真交流。虽然系统的运行速度相比于人脑要慢 1542 倍，但引发无限憧憬：如果用神经形态芯片来实现神经形态计算，未来到底会怎样？因此，许多计算科学家评价神经形态计算让计算发生质变。

HRL 实验室位于加州的马里布，大股东是波音和通用汽车公司。其神经形态芯片项目采用“突触时分复用”技术来解决神经元密集网络所造成的回路干扰问题，并配置了一个中央时钟来协调所有处理进程。大脑的运算速度一般在 10 赫兹到 100 赫兹，HRL 实验室的芯片运行速度是 1

兆赫兹，但它能使自己的 576 个硅神经元中的任何一个都能够与其余的任何一个神经元进行对话。实验室已将这样的神经形态芯片植入到仿鸟设备中，处理来自摄像机和其他传感器的数据，在试验飞行中，设备可以记住飞过的房间，自主学会导航，该技术应用在无人机自动绘制地图、导航等方面，该成果非常受 DARPA 重视，可详见蜂鸟侦查无人机。

斯坦福大学卡贝・纳博罕团队的研究重点关注模拟人脑的神经形态计算方式，其开发的控制型机器人配置了百万个硅神经元网格，可在任务范围内感知周围环境，并将模拟的神经反应以指令输出由末端执行器完成。

（3）中国

浙江大学和杭州电子科技大学成功研发出了一款名为 DARWIN（达尔文）的神经形态芯片，提高了智能算法的处理速率，同时也尽可能降低了功耗和减少了片子的大小。该款基于脉冲网络的神经形态协同处理器，利用 180 纳米的标准 CM·S 技术可集成多达 2048 个神经元、400 万个突触。

## 2. 产业发展

神经形态芯片从 1989 年提出到现在，已经不是新鲜概念，之所以再度成为热点强势回归，是因为神经形态计算已从象牙塔走进了广泛研究和应用范畴。

Audience 公司基于人的耳蜗研发设计出一款神经形态芯片，主要功能是抑制噪声，全球出货量已达几亿片，并在苹果、三星等公司出产的手机中使用。

Intel 公司在 2012 年宣布启动了一项模拟人类大脑活动的技术研究工作。其神经形态芯片设计采用模拟式神经拟态的思路，采用忆阻器技术，模仿神经元搭建芯片机构；在降低功耗方面，其采用横向自旋阀技术，其工作终端电压在毫伏内，远低于传统芯片。未有新消息披露该芯片进展。

IBM 一直在从事神经形态芯片的研究，IBM 的 TrueNorth 神经形态芯片模拟大脑结构和突出可塑性，构建认知计算芯片。2008—2016 年，DARPA 投资 2100 万美元支持其 SyNAPSE[5]项目第二阶段的研究，目的是创造既能同时处理多源信息又能根据环境不断自我更新的系统。该芯片没有固定编程，通过集成内存与处理器来模仿大脑的事件驱动、分布式和并行处理方式。最新发布的 TrueNorth（图 6-2），集成了 54 亿个晶体管，形成了一系列由百万个“数字神经元”构成的阵列，可模拟 2560 万个“神经突触”的计算架构系统，被业界公认为具备把神经形态计算从实验室推向现实世界的潜质。2019 年 IBM 计划利用 88 万个 CPU，研制出与人脑速度相当的模拟人脑系统。

高通的 Zeroth 神经形态芯片类似于 IBM 的数字式神经拟态，通过编程模拟大脑处理感官数据处理时的电子脉冲，从而模拟大脑行为。高通的战略意图是在设备中加入这样的神经处理单元来帮助处理传感器数据，完成图像识别和机器人导航的任务，让更多设备变成用户的认知伴侣，进而寻求智能时代的下一轮突破，占据芯片产业新的制高点。高通的第一步就是与 Brain Corp 公司合作，开发了 eyeRover 神经形态智能机器人，试图通过机器人与真实世界进行互动，验证研究成果，随后再进

---

[5] DARPA 的 SyNAPSE 项目，由 IBM 实验室和 HRL 实验室两个大团队组成。Synapse 在英文中是突触的意思，而 SyNAPSE 正好是 Systems of Neuromorphic Adaptive Plastic Scalable Electronics 的简称，中文译为自适应可变神经可塑可扩展电子设备系统。

行转化和适配，推广到智能手机或者其他产品上。eyeRover 机器人内置神经形态芯片，在硅片中模仿人脑大规模平行方式处理信息的方式，所运行的 BrianoS 系统可实现监督学习和强化学习等功能，是一台真正可训练的机器人（图 6-3），并刊登在《科学》期刊上（图 6-4）。

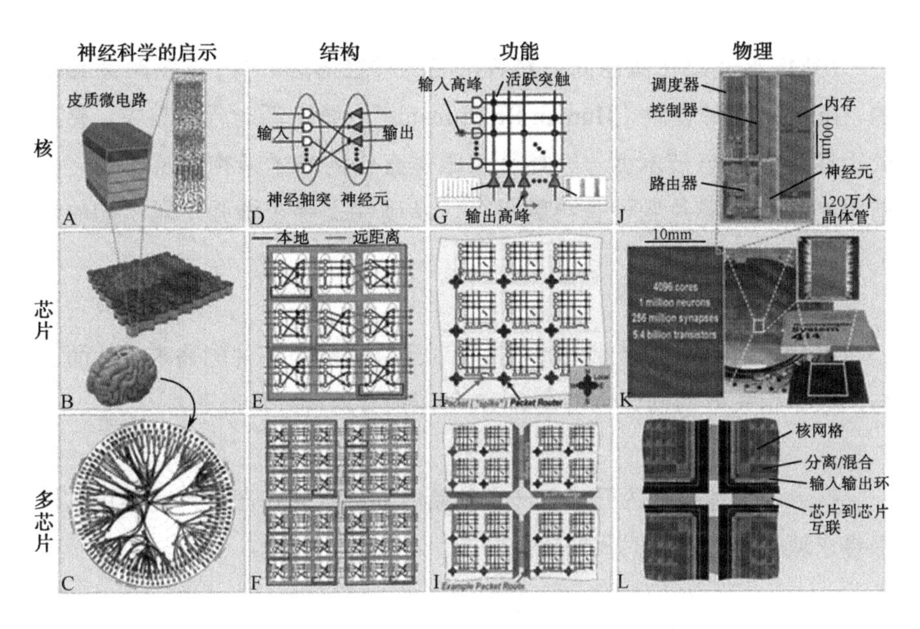


图 6-2　IBM 的 TrueNorth 神经形态芯片

图 6-3　Brain Corp 的 BrainoS 产品

图 6-4　《科学》期刊刊登的 eyeRover 机器人

根据市调（Markets-and-Markets）公司在其《2016—2022 年全球神经形态芯片市场预测》报告，整体神经形态芯片市场在 2016 年时约有 12 亿美元的价值，并以 26.3%的复合年成长率成长，在 2022 年时达到 48 亿美元的市场规模。

IBM、高通都在做面向消费者市场的神经形态芯片，试图颠覆 Intel 的“Intel Inside”，做“Human Brain Inside”，统治新时代。其中，高通公司在神经形态技术上一开始就着眼垂直化的技术架构以及商业化的前瞻布局，从芯片到设备再到平台，从硬件上寻求增强机器认知的新途径。

因此，消费终端产业预计将推动对于神经形态芯片的需求。然而，与大数据相关应用预计也将在 2018 年以前导入神经形态芯片。

在人工智能被视为开启下一个创新时代的今天，芯片产业界正在积极寻求新一轮打开新时代的钥匙。

## 04 Section 神经形态芯片可能带来的影响

在被称为后摩尔时代的今天，面对万亿级传感器的增量以及云端网络巨量数据的压力，在传感器中内建中枢传感器成为了紧迫需求，神经形态芯片作为一个优良选择，面对如此大的市场缺口，其成长空间空前庞大。如同传统的处理器市场，美国、德国、中国与韩国预计将会是神经形态芯片的重要市场，而且在这些市场可能以最高的符合增长速率

（CAGR）成长。

神经形态芯片在多感官类数据处理方面的高性能，在人工智能、深度学习方面有着得天独厚的优势，再加上其低功耗的特点，从硬件优势到软件灵活性都让其未来的应用空间无可限量，一旦成功普及将彻底改变我们的生活。

### 1. 从硬件上让机器像人一样思考行动

神经形态芯片尝试在硅片中模仿人脑以大规模的平行方式处理信息：几十亿神经元和千万亿个突触对视觉和声音这类感官输入做出反应，具备超长的学习能力。配置了神经形态芯片的机器，其仿脑能力倍增，加之机器比人脑更强的记忆能力，人机优势在硬件层的强强联手，将大大提升人工智能进步的速率，加速人工智能、无人化的发展进程，开创一个智能化社会的新纪元。

### 2. 引发新一轮技术革命

从 IBM、高通的垂直化产业布局和计划进度来开，神经芯片技术在通路并行度、硅存储管理、热管理等制片技术上再下一城只不过是未来一二年的时间，“Human Brain Inside” 真正全面实现的那一天并不遥远。神经形态芯片若能引发新一轮技术革命，芯片产业将在技术市场中再次占领主导，为所有适合于未来计算的软件提供适配接口。

### 3. 启发或催生更多新技术

神经形态芯片作为一次仿生科学研究的成功实践，其研制思路、成果可扩散至生物计算、神经网络、认知计算、机器学习、类脑计算机等领域的研究。

面向国防、航空、汽车、医疗等领域的实际需求，将现阶段神经形态芯片的研究成果进行深度定制合理转移，可为这些重要行业，尤其在国防领域带来极高价值的应用。

# 第7章
Chapter 7

# 技术日趋成熟，民用无人机产业开始起飞

就在亚马逊还在苦苦等待美国联邦航空局（FAA）的商用无人机快递服务许可时，无人机配送公司 Flirtey 已经悄悄地走在了亚马逊的前面，并在 2016 年 3 月 25 日成功地完成了美国第一个获得 FAA 许可的无人机城市快递服务案例。据悉，这架无人机按照预定的航线飞行，当靠近目标房屋时它放下了一个包裹，包裹内有瓶装水、食物和一些救助用具。这也展示了无人机在紧急需要时候可以起到的救援作用。2016 年 4 月 7 日，德国 Volocopter 公司首次无人机载人试飞成功。尽管全程飞行只持续了几分钟，但仍然刷新了纪录。这台电动载人无人机质量超轻，和特斯拉电动车一样，是零排放。换句话说，这就是一台飞着的特斯拉。美国加州发明家沃斯甚至将无人机与虚拟现实（VR）技术结合，开发出 VR 无人机 FlyBi，能够将无人机拍到的画面实时展示在使用者眼前，用户只要转动头部便能改变镜头角度，即使身处地面，也能感受翱翔天际的快感。随着无人机技术日趋成熟，民用无人机产业步入快速发展期。

## 01 Section 无人机及相关技术

无人机（Unmanned Aerial Vehicle，UAV）是无人驾驶飞机的简称，它是一种有动力、可控制、能携带多种任务设备、执行多种任务，并能重复使用的无人驾驶航空器。无人机系统则强调了除无人机外，还包括无人机的有效载荷、控制系统（遥控器、地面控制站、数据链路等）。无人机在用途上分为军用无人机和民用无人机。民用无人机又分为工业级（专业级）无人机和消费级无人机。

无人机的发展离不开相关技术的进步。这些技术涵盖动力系统、新能源、新材料、有效载荷、通信、导航、互操作性、自主性、保密性、可持续性、高性能计算等方面。例如，自主性技术可以使无人机不依赖外界指令支持下，在未知的环境中依靠自身的控制设备完成指定任务；太阳能技术应用到无人机上可以使其长期浮在固定空域，谷歌（Google）正尝试利用这一功能实现 5G 网络的覆盖；通信技术的发展则使无人机能够置于手机的操控下。

相关技术的发展都将对无人机产生重要影响，也是未来无人机的发展方向。无人机技术的不断突破，降低了研发成本和行业参与门槛，提高了可靠性和稳定性，使无人机在民用领域的产业化成为可能。

## 02 Section 民用无人机的应用领域有哪些

相比于传统的作业方式，无人机无疑提供了解决问题的新思路，在空间维度上丰富了作业手段，当前正在作为传统作业方式的一种补充，逐步推广，未来前景十分广阔。目前，中小型无人机，特别是小型多旋翼无人机系统在世界范围内掀起了发展的热潮，在摄影娱乐、农林作业、边境巡逻、治安反恐、地理测绘、管线检测与维护、应急救援、消防、执法等方面开始广泛应用。随着无人机技术的逐步成熟，其应用领域还将进一步扩大。

## 1. 无人机在农业领域的应用

在国外，农业是无人机民用领域最大也是最成熟的市场。国际无人机系统协会（AUVSI）的报告预测显示，未来 10 年里无人机在民用领域中的应用将为美国带来 820 亿美元的收益，其中 756 亿美元来自农业。2014 年 1 月，美国联邦航空局 FAA 正式批准无人机用于农作物检测，在 MIT《科技评论》杂志评选出的“2015 年十大最具突破性的科技创新”中，农业无人机名列榜首；2015 年 6 月，《CropLife》杂志评选出的 2015—2018 年应用范围增长最快的前五大农业技术（无人机技术、产量分析技术、农田绘图、变率处理播种技术和卫星航空影像技术）中，无人机被认为是增长幅度最大的。在日本，平均每三碗大米中就有一碗是靠雅马哈无人机喷药种出来的。图 7-1 为正在喷洒农药的植保机器人。

图 7-1　植保无人机作业图

在我国，农业无人机刚刚起步，但发展迅速。2013 年农业部出台《关于加快推进现代植物保护体系建设的意见》，提出鼓励有条件地区发展无人机防治病虫害。山东、河南省农业厅和财政厅拨付专款，或为地方植保站直接购置农用无人机，或为农用无人机提供购机补贴。农业无人机有望大量替代现有的植保机械。据不完全统计，截至 2015 年 12 月，我国农业无人机保有量达到 2324 架，农业无人机生产企业超过 200 家，并以每年 20%～30%的速度增长。我国耕地面积有 18 亿亩，未来农业无人机的发展空间非常大。

### 2. 无人机在航拍上的应用

航拍是无人机应用最为广泛的民用领域，发展也最为成熟。无人机拓展了视频拍摄的视野。小型轻便、低噪节能、高效机动、影像清晰是无人机航拍的突出特点，除了可以到人类所不能到达的危险、狭窄或高空之处，还能够让目前航拍的成本降低不少。国内一台航拍无人机的价格不到 1 万元，而有人机航拍的租金高达每小时数万元，成本优势十分明显。在国内热播的《爸爸去哪儿》《舌尖上的中国 2》，以及 2014 年的巴西世界杯都使用了无人机进行航拍。《碟中谍》里特技人员在屋顶飞驰的场景、《十二生肖》中成龙驾车在山间漂移、纪录片中的火山熔岩活跃之景都来自无人机的航拍功能（图 7-2）。

### 3. 无人机在输电线路和油气管道巡线领域的应用

无人机在电力巡线、石油和天然气管道巡线等方面具有很好的市场空间。与人工巡线相比，既可以提高效率，也可以避免野外作业的危险，相对于有人机则大大降低了成本。以电力巡线为例，100 千米的巡线工作需要 20 个巡线人员工作一天才能完成，而一架无人机只需工作 3～4 小时。我国地域辽阔，电网、油气管道覆盖全国，110 千伏以上输电线路超过 50 万千米，油气管道总长超过 10 万千米。随着电网和油气管道的日益增长，巡检的工作量日益加大。采用无人机巡检与传统巡检相结合的方式，已成为电线和油气管道巡检的最佳解决方案。2009 年，国家电网公司正式立项研制无人直升机巡线系统，目前已得到应用。

图 7-2　使用无人机拍摄的火山熔岩活跃的景观

## 4. 无人机在配送方面的应用

根据统计，城市内 80%的快递重量在 2.5 千克以下，这部分快递均可交给小型无人机进行配送。亚马逊一直在尝试将无人机应用在物流领域，亚马逊全球公共政策副总裁保罗·米斯纳在接受媒体采访时表示，亚马逊 Prime Air 无人机（图 7-3）将打造一种面向未来的快递服务，有望在用户在线下单后 30 分钟内完成送货。另外，谷歌及其他多家初创公司也在开发它们自己的无人机送货服务。美国联邦航空局（FAA）在不断调整无人机使用方面的相关规定，并批准了 Flirtey 公司的无人机送货请求。在国内，顺丰快递公司也在试验使用无人机送货。在可预见的未来，无人机配送货物将日益普及。如果无人机在安全性和载重方面得到提高，甚至可能出现无人机运送乘客，出现空中的“滴滴打车”。

图 7-3　亚马逊公司运送快递的无人机

### 5. 无人机在救援方面的应用

在灾害发生时，可以使用无人机进行灾情监测，发现幸存者。如果道路受阻，使用无人机可以快速运送受灾群众急需的药品和食品。未来，载人无人机成熟后，还可以用于运送救援人员到现场，或者转移受灾人员到达安全地带。这些在地震、水灾、爆炸等灾害中均可以使用，并可以大大降低救援成本。

## 03 Section 无人机产业发展现状

### 1. 融资额迅速上升，产业发展迅速

正是因为无人机开辟了一个几乎全新的应用领域，使其受到了市场

的热捧。2015 年很多大公司都在这一市场注入资本，包括谷歌、Facebook 等互联网巨头也都在积极布局。

据 CB Insights 统计，2015 年，无人机初创企业共发生 74 笔融资，融资金额达 4.5 亿美元，与 2014 年相比，增长了 3 倍以上。其中，2015 年 5 月大疆公司获得 Accel 7500 万美元的投资。2015 年第三季度无人机融资金额达到 1.4 亿美元，创下历史新高；2015 年第四季度，发生 22 笔融资，同样也创下了历年来的交易最高量。

## 2. 市场潜在规模很大

根据 2014 年美国蒂尔集团（Teal Group）发布的全球无人机市场预测，未来十年无人机仍将继续成为世界航空航天工业最具增长活力的市场，全球无人机采购支出将是现在的 2 倍左右，其中全球军用和民用无人机将由 2015 年的 64 亿美元增至 2024 年的 115 亿美元，10 年（2015—2024 年）支出总额将超过 910 亿美元，10 年复合增长率为 6.7%。预计到 2024 年军用无人机占当年市场总额的 86%（99 亿美元），民用无人机占 14%（16 亿美元）。根据美国《航空与太空技术周刊》刊登的分析报告，预计 2016 年美国将售出超过 100 万台无人机，并且以 20%～30%的速度递增。而这其中最大的增量来自民用无人机领域。

根据国际数据公司（IDC）的预测，2019 年中国市场消费级无人机出货量将达到 300 万台，较 2016 年的 39 万台实现大幅增长。根据 UBM 市场研究公司的数据，中国民用无人机在 2010 年之后开始逐步加速，2014 年国内民用无人机产品销售规模为 15 亿元，2015 年约 23.3 亿元。未来 5 年，将保持 60%左右的复合增长率，到 2018 年市场规模将超过 80 亿元。可见民用无人机领域确实是一块“大蛋糕”，未来市场潜力不容小觑！

### 3. 技术仍需提高

虽然无人机技术近几年实现了很大突破，产业化水平也得到了大幅提升，但是需要看到的是，目前市场上的无人机仍然存在电池续航能力不足、负荷有限、机身不够耐久、网络连接不稳定及小型化程度不高等问题。如果这些技术问题得到解决，无人机市场规模将比现在扩大数倍。

### 4. 民用无人机增长快于军用无人机

早在 2010 年以前，军用无人机占据了市场规模的 99%以上。然而，据不完全统计，在过去 5 年内，全球范围有 3000 家不同规模的企业涉足民用无人机相关领域，其中不乏亚马逊、谷歌、（中外运）敦豪（DHL）等巨头。国内除了大疆、亿航、极飞等专业公司以外，顺丰物流以及其他 A 股上市公司如宗申动力等也频频发力。民用无人机市场份额已经超过无人机总市场份额的 10%，远远快于军用无人机的增长速度。

### 5. 中国企业优势明显

中国企业占据了世界消费级无人机 70%以上的市场份额。目前中国市场上大约有 400 家无人机制造商，大疆公司占民用无人机市场的绝对份额，2013 年大疆公司的营收规模为 1.3 亿美元，2014 年增长到 5 亿美元，占世界消费级无人机 70%的市场份额。根据彭博资讯公司（Bloomberg）的统计，2015 年大疆公司的营收规模达到 10 亿美元，这说明无人机企业和民用无人机的市场规模均处于快速发展期。

# 04 Section 对经济和社会的影响

## 1. 降低农业产业化成本，有利于农业向规模化发展

无人机技术在国外已经成为农业生产的主力，无人机与人工操作相比，效率提升约30倍，农药节省20%~40%，用水节省90%；与有人机相比，一台农业无人机价格不到20万元，成本优势明显。而我国无人机在农业上的应用刚刚起步，如果无人机在喷洒农药、施肥、病虫害监测等方面的应用得到推广，将降低规模化产业的成本，加快我国土地向规模化经营方式转变，也有利于农业向信息化、自动化方向发展。

## 2. 提高物流行业的服务水平，缓解城市交通拥堵

无人机在快递等物流行业的应用可以实现1小时送达目标，可以满足优质客户的需求，打开物流行业的高端市场。另外，未来随着无人机的普及，将大大减少地面车辆的使用，有效缓解城市交通拥堵。

## 3. 无人机监管是个大问题

无人机快速发展的同时也给监管带来了难题。民航局已出台《关于民用无人机管理有关问题的暂行规定》、《民用无人机空中交通管理办法》、《民用无人驾驶航空器系统驾驶员管理暂行规定》等一系列规范性文件。但随着无人机技术不断发展，运用领域逐渐拓展，以上规定将难

以对市场形成有效监管。如何确保无人机在规定的时间、空域飞行？如何确保无人机遵守交通规则？一旦发生事故，如何界定责任？如何在发展和监管中寻得平衡，这是当前无人机市场发展中最亟须解决的问题。事实上，任何一个新生事物在发展初期，都会面临这样的抉择。

### 4. 给国家安全和个人隐私带来隐患

无人机的低成本和便利性在给人类生产生活带来福利的同时，也造成了一些问题。目前，在中国花几千块钱就能在网上购买一架能够进行高清摄像的无人机。一旦被不法分子利用进行非法拍摄，就可能会窃取国家秘密，或者偷窥他人隐私。如果在无人机上安装小型炸弹，还可能造成恐怖袭击，使发现和拦截成本提高。

# 第 8 章

## Chapter 8

# 自动驾驶：技术进步与社会变革

2016 年 3 月 31 日，美国特斯拉汽车公司发布了 Model 3 汽车。美国彭博社报道称该公司 CEO 马斯克在介绍 Model 3 时不断谈到“转向系统”和“转向控制”，没有使用“转向盘”来描述汽车，有专家评论说，Model 3 最引人注目的是其可能会配备更强大的无人驾驶功能，为用户带来“不需要手”的驾驶体验。其实关于自动驾驶汽车的探讨由来已久，2012 年 5 月，美国内华达州机动车辆管理部门（DMV）为谷歌自动驾驶汽车颁发了首例驾驶许可证（截至目前，谷歌自动驾驶汽车总共完成了超过 70 万千米的道路实测）。同年 9 月，加利福尼亚州出台法案宣布从 2015 年起允许自动驾驶汽车上路行驶。自动驾驶汽车产业化应用的脚步越来越近，这将会对汽车产业与现代交通产生革命性的影响。

## 01 Section 何为自动驾驶汽车

自动驾驶汽车又称无人驾驶汽车、电脑驾驶汽车或轮式移动机器人，是一种通过电脑系统实现无人驾驶的智能汽车。该技术依靠雷达、人工智能、视觉计算、监控装置和全球定位系统协同合作，使电脑在没有任何人类主动操控下，自动安全地操作机动车辆。自动驾驶汽车技术的研发已有数十年的历史，于 21 世纪初呈现出接近实用化的趋势。

### 1. 自动驾驶汽车技术系统

自动驾驶汽车利用多种车载传感器（如雷达超声传感器、GPS、磁罗盘等）感知车辆周围环境，控制车辆的转向和速度，根据实时路况进行动态路径规划，实现车辆自动、安全、可靠的行驶。根据美国的专利顾问公司 Lexinnova 的报告，无人驾驶汽车发展所需基本技术有 9 项，即车对车通信（V2V Communication）、巡航控制（Cruise Control）、自动刹车（Automatic Brakes）、车道维持（Lane Keeping）、雷达（Radar）、循迹或稳定控制（Traction or Stability Control）、视频摄影机（Video Camera）、位置估计器（Position Estimator）、全球定位系统（Global Positioning System，GPS），在上述的基本技术中，前五项技术的专利申请数量相对较多，是最重要的技术。

自动驾驶汽车技术系统见表 8-1。

表 8-1　自动驾驶汽车技术系统

<table>
<tr><th>一　级</th><th>二　级</th><th>三　级</th><th>技 术 设 备</th></tr>
<tr><td rowspan="6">定位<br>导航<br>系统</td><td rowspan="6">车辆定位</td><td rowspan="3">车辆位置</td><td>全球定位系统</td></tr>
<tr><td>北斗定位系统</td></tr>
<tr><td>惯性导航系统</td></tr>
<tr><td>行驶方向</td><td>陀螺仪</td></tr>
<tr><td rowspan="2">行驶速度</td><td>加速度计</td></tr>
<tr><td>激光编码器</td></tr>
<tr><td rowspan="5">环境<br>感知系统</td><td rowspan="3">视觉识别</td><td>车道感知</td><td rowspan="3">摄像机<br>传感器</td></tr>
<tr><td>标识感知</td></tr>
<tr><td>信号感知</td></tr>
<tr><td rowspan="2">非视觉<br>识别</td><td>距离检测</td><td rowspan="2">激光雷达<br>超声波雷达</td></tr>
<tr><td>障碍检测</td></tr>
<tr><td rowspan="3">规划控制<br>系统</td><td>路径规划</td><td>局部寻路<br>路口导航<br>路径导航</td><td>电子地图</td></tr>
<tr><td>速度控制</td><td colspan="2">纵向（车速—油门—刹车）控制系统</td></tr>
<tr><td>方向控制</td><td colspan="2">侧向（转向—转向盘）控制系统</td></tr>
</table>

续表

| 一　级 | 二　级 | 三　级 | 技术设备 |
|---|---|---|---|
| 规划控制系统 | 辅助控制 | 状态监测 | 胎压监测<br>车道偏离报警<br>智能限速提醒 |
| | | 视野改善 | 倒车辅助、自适应照明系统 |
| | | 操控避险 | 紧急避险、智能泊车<br>自适应巡航 |

自动驾驶汽车主要包括三大系统：一是定位导航系统（车辆定位技术）取代人脑规划行车路线，进行自动导航；二是环境感知系统（视觉/非视觉识别技术）取代人眼识别行车路况和周边环境；三是规划控制系统（路径规划、速度、方向与辅助控制技术）取代人的手和脚操控汽车，保证其平稳行驶。

## 2. 自动驾驶发展阶段的划分

根据产业信息网发布的《2015—2020 年中国汽车驾驶辅助系统（ADAS）市场分析与发展前景预测报告》，关于自动驾驶的阶段划分，目前业界引用最多的是美国公路安全局（NHTSA）对自动驾驶技术的官方界定，分为无自动（0 级）、个别功能自动（1 级）、多种功能自动（2 级）、受限自动驾驶（3 级）和完全自动驾驶（4 级）五个级别。

从目前发展情况看，自动驾驶 1 级（个别功能自动）已经得到基本普及，其他级别发展情况不一：自动驾驶 2 级（多种功能自动）普及度不断提高。沃尔沃的城市安全系统、本田的 CMBS、奔驰的 Pre-Safe 都属于这个层次，目前英菲尼迪的新车已能够自动控制转向盘。自动驾驶 3 级（受限自动驾驶）目前已形成雏形。戴姆勒的奔驰 S 系轿车可以在堵车的情况下自动跟车。自动驾驶 4 级（完全自动驾驶）目前应用很少。这个级别是各大主流车企及谷歌、百度等互联网公司致力于达到的终极目标，驾驶者完全不必操控车辆。

## 02 Section 产业发展现状

### 1. 发展前景良好，亚太市场受到关注

经过多年发展，未来自动驾驶汽车的全球市场前景可谓蒸蒸日上，亚太市场上，自动驾驶汽车的表现尤其受到关注。美国咨询公司麦肯锡表示，到 2025 年，自动驾驶汽车的产值可以达到 2000 亿 ~ 19000 亿美元。此外，由于中国汽车市场的积极表现，亚太市场有望成为未来全球自动驾驶汽车发展的重点。据思迈汽车信息咨询公司（IHS）预测，到 2035 年，北美、中国和西欧将成为自动驾驶的三大主要市场，其中北美市场占比将达到 29%（约 350 万辆）、中国市场为 24%（约 280 万辆）、西欧市场为 20%（约 240 万辆）。

### 2. 各大车企纷纷加入产业化进程

在市场前景预期向好的背景下，各大车企纷纷加入自动驾驶技术的研发中来。

一方面，各大企业努力培育竞争优势，在诸多技术领域已形成核心技术优势：日产成立日产硅谷研究中心，致力于自动驾驶与通信技术方

面的研究；德国奔驰、大众、博世等公司均投入巨资研发复杂环境下的自动驾驶技术，奔驰 S 500 自动驾驶原型车已经成功行驶了近 100 千米的路程（图 8-1）；沃尔沃公司也一直致力于自动驾驶技术的研发，计划未来旗下全系车型搭载本公司的自动驾驶系统；谷歌、微软、诺基亚和苹果等公司均在自动驾驶汽车激光雷达技术和电子地图技术方面投入研究。

图 8-1　奔驰 S 500 自动驾驶原型车成功行驶了近 100 千米的路程

另一方面，整车厂商积极推动自动驾驶技术商用。日产宣布到 2020 年将推出多款搭载商业化自动驾驶技术的量产车型，图 8-2 为日本丰田公司的自动驾驶测试车；奔驰新上市的 S 级轿车已搭载了其最新的“自动驾驶系统”；大众与德国研究与技术部门共同开发了 Caravelle 自动驾驶旅行车，并逐步运用到其旗下车型中，图 8-3 为大众公司的奥迪汽车的主动巡航控制系统示意图。

2016 年年初，中国政府已经将智能网联汽车作为“十三五”汽车工业发展规划的八个发展方向之一，《中国制造 2025》也明确提出：到 2020 年，中国要初步建立智能网联汽车自主研发体系及生产配套体系。随着这些政策的出台，上海、深圳、浙江、安徽和辽宁等地纷纷启动了无人驾驶汽车示范区项目。

图 8-2　丰田公司自动驾驶测试车

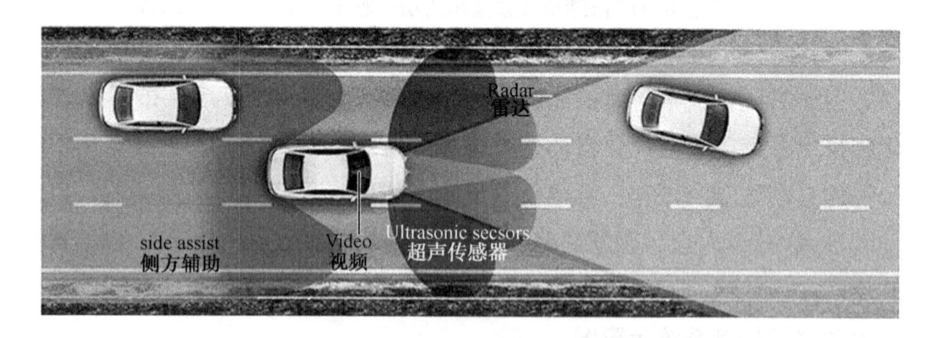


图 8-3　奥迪主动巡航控制系统

目前，我国自动驾驶技术与应用与国外相比还有一些距离，但也取得了一批阶段性成果。2016 年 4 月 17 日，长安汽车的无人驾驶汽车安全抵京，至此长安汽车 2000 千米超级自动驾驶测试项目顺利完成。长安汽车此次长距离自动驾驶测试总里程超过 2000 千米，从重庆出发，历时近 6 天，途经四川、陕西、河南、河北等全国多个省市及地区，通过山路、桥梁、隧道、高速等多种复杂路况，最终抵达北京。在 2000 千米的征途中，该车通过装载前视摄像头、前视雷达、激光雷达、高精地图及诸多智能尖端科技的设备，完成了应对复杂的实际驾驶环境的测试。

### 3. 自动驾驶汽车产业化发展存在问题

目前，自动驾驶产业化与广泛应用还存在着多方面的障碍。

（1）黑客问题

为了更好地驾驶，自动驾驶汽车肯定要获取车主很多信息，而这些信息也很容易被黑客们获取。他们会知道车主的目的地在哪里，会花多长时间到那里，是否待在自己家中等信息。黑客甚至可以远程控制车主的自动驾驶汽车，使一辆行驶中的自动驾驶汽车忽然被叫停，为车主的安全和隐私带来诸多不确定性。

（2）自动处理复杂交通路况的能力还不具备

到目前为止，不管是谷歌还是特斯拉，都不能自信地说自己的自动驾驶技术已经完善到能够适应所有的路况。汽车自动驾驶技术之所以能够实现，主要就是依靠感知、控制和路径规划这三大系统技术。目前的自动驾驶汽车先是通过之前系统已经采集过的路况地图来规划路径方向，在行驶过程中通过车中搭载的视频摄像头、雷达传感器以及激光测距器来了解感知周围的交通状况，通过数据中心进行实时信息处理，遥控车辆利用控制中心的自动巡航系统、自动刹车系统、停车系统来实现驾驶、刹车、停车。

当控制和路径规划技术都已经突破到一定的程度，就可以实现像特斯拉汽车这样的辅助性自动驾驶了，但在感知路况和周围环境方面，还是一个难题。日本和 NASA 共同合作开发的 ProPiot 自动巡航系统，目前也还只能实现单线车道的驾驶需求，在车变道方面还没有相应的系统，更不要说能够处理都市街道、十字路口这样复杂的路况了。

在自动驾驶方面投入研发最久的谷歌，在真实的路况中，谷歌自动驾驶汽车已经能够做到实时查看这样的 3D 路况场景，对物体进行准确的识别和区分（图 8-4）。从下图中可以看到道路两旁的树、地面、和每条车道。虽然汽车通过这样的激光雷达和传感器，仅仅可以知道哪个位置有哪个物体，但是通过这样的感知，它还并不能智能到能够分辨下面的这些物体的突然性动作并进行规避。尽管看起来还不错，但这个系统还并不能适用于现在这样复杂的路况。

图 8-4　谷歌无人驾驶汽车 3D 路况

前段时间发布的一份有关无人驾驶汽车的报告中，展示了无人驾驶技术的最新进展。通过车载激光雷达和其他传感器，无人驾驶汽车可以探测到各个方位的骑行者。从图 8-5 可以看到，探测范围 360° 并没有死角，无人驾驶汽车也已经能够做到对每一辆自行车进行单独追踪，并预测骑行者的运行轨迹。这份报告其实也表明，谷歌的自动驾驶汽车才刚刚能够做到规避像是骑行者这样大体积的灵活运动体。如果面对的目标再小一些，如一个小孩，一条狗、一只猫或者其他东西，汽车可能并不能进行有效规避。

面对路面上突发的状况，自动驾驶系统的每一步调整都涉及大量的复杂场景的计算，如何在一个车载系统中完成这些庞大的极端量，对于车载计算机系统来说是一个考验。

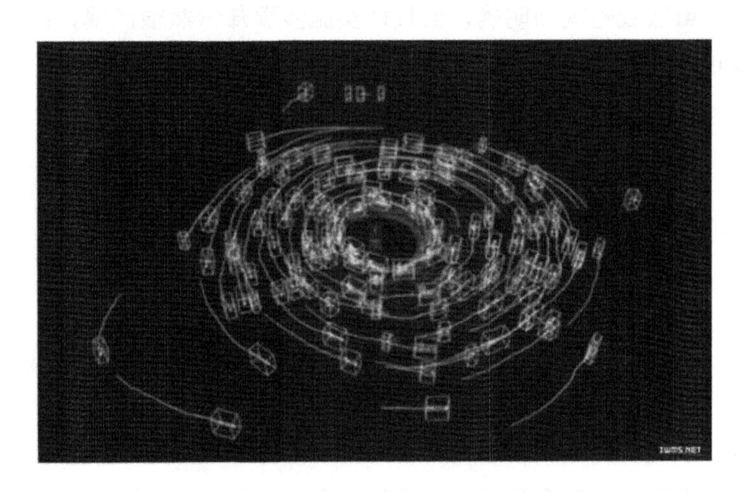

图 8-5　车载激光雷达和传感器探测图

（3）成本过高

目前自动驾驶汽车的造价整体过高，谷歌生产的自动驾驶汽车的售价在 30 万美元以上，阿联酋阿布扎比市使用的自动驾驶汽车单辆售价 80 万欧元，日产公司计划到 2020 年才能推出消费者可以接受的价格的自动驾驶车型。而且，要配备能够完成上文所提及的计算量的系统和高精度的激光雷达及传感器，价格是回避不了的问题。自动控制系统和传感器、GPS 的造价都不是小数目。一方面是尚且没有验证的安全性，另一方面是每一个配件的造价都可与高昂的“奢侈品”相匹配。

（4）基础设施条件还不完备

要实现自动驾驶技术广泛应用并将该技术与智能交通相融合，就必须对现有交通基础设施进行重新建设与规划，目前只有美日等少数发达国家开展了相关的基础设施规划。众多汽车厂商在应用自动驾驶技术研发方面，虽然战略规划明确，但具体实施步骤却依然很谨慎，自动驾驶汽车真正投入量产预计仍需要数十年的时间。

## 03 Section 对经济和社会的影响

### 1. 减少交通事故与交通成本

自动驾驶汽车有很多优点，比如安全、高效，据统计，机动车辆事故中，81%都是由于人为错误造成的，仅在美国一年死于交通事故的人数就达到 3.3 万，事故造成的直接损失超过 1000 亿美元。拥有一辆自动驾驶汽车，就像是车轮后安装了一台电脑，这意味着在驾驶过程中可以减少人为因素。人们开车的时候有时会被一些事情干扰，电脑却不会被这些事情分心，它们的所有关注都在道路上面。自动驾驶技术已经被充分证实，它在操作时效性、精确性和安全性等方面相比人类驾驶具有无比的优越性，且不会出现人为操作失误的情况。此外，自动驾驶汽车还会通过缓解拥堵、提高车速、缩小车距以及选择更有效路线来减少通勤所耗时间和能源。

事实上，“电脑司机”的功能非常强大，它们不仅可以与其他自动驾驶汽车进行沟通，以避免发生碰撞，同时还可和部署在道路两边的传感器进行交互，判断出最快路线，自动驾驶汽车还可全程跟踪行驶速度，与其他车辆保持最佳车距，而且通过有效规划，其还可以尽可能减少在高速公路上的停车次数。

## 2. “驾驶本质革命”导致产业变革

自动驾驶技术是未来汽车发展的必然趋势，也是实现“智能汽车”与“智能交通”的关键性技术。据美国电气和电子工程师协会（IEEE）预测，到 2040 年，全球 75%的新款汽车都会配备自动驾驶技术。一方面，该技术可减少驾驶员的驾驶压力、提高车辆行驶安全性、避免交通拥堵、降低污染实现绿色出行，带来“驾驶本质革命”；另一方面，自动驾驶技术会促进物联网、大数据和云计算技术的相互融合与发展，该技术的广泛应用可以有效带动新材料、智能制造、人工智能和新一代信息技术的快速发展，成为未来诸多产业发展的重要推动力。

与此同时，由于人类离开了转向盘，与其相关的诸多产业都将面临消亡，如保险、服务与销售、交通监管甚至汽车类电视节目。部分产业将会大幅萎缩，有的则将面临转型。既得利益者将面临挑战，产业的权力也将会从当前的汽车制造商转移到计算行业公司。

### 3. 技术进步重塑法律和道德规范

目前，自动驾驶汽车行驶规范与法律法规还是空白，当发生交通事故时，有一个问题不可避免，那就是问责。谁该对自动驾驶汽车事故负责？是车主、汽车制造商、软件开发商、云服务提供商、还是GPS网络服务提供商？如果我们将责任过多地归咎于生产者，将会扼杀企业的创新热情，而如果依照现行做法，将责任主体放在消费者身上，将会影响其消费意愿。此外，自动驾驶汽车还涉及道德问题，如果一个孕妇在道路上摔倒，当迎面驶来的自动驾驶汽车又出现故障时，其会如何做出判断？是为了避免撞上孕妇，而主动撞向路边，增加车内乘客的危险吗？

这些道德和法律问题都是由自动驾驶这一技术进步而带来的全新挑战，人类社会必将在利用工具和发明工具的同时，被工具改变自身存在与运行的方式。

### 4. 案例　自动驾驶汽车发展模式：特斯拉（Tesla）VS谷歌

特斯拉 Model S P85D 在发布时，厂商就明确表示其具有各类传感器，可实现自动驾驶功能。限于当时的技术条件限制，软件方面没有全部开放所有的功能，特别是自动驾驶功能。

2015年10月，公司发布7.0版本固件，固件中搭载了名为Autopilot的自动驾驶功能。用户通过在线升级厂商推送的固件后即可解锁自动驾驶功能，特斯拉的自动驾驶功能主要包括自动车道保持、自动变道和自动泊车等功能。

与谷歌自动驾驶所不同的是，特斯拉并不是真正意义上的自动驾驶，而是高级自动驾驶（或辅助驾驶），谷歌的解决方案更多是依靠高精度雷达、高精度传感器和高精度地图，而特斯拉的高级自动驾驶则更多地依赖摄像头，依靠机器视觉进行车道保持、变道等功能。

与谷歌的理想化理念相比，特斯拉是务实的，现阶段的可行性更高，而没有直接指向终极解决方案。近期，公司发布了最新的 7.1 版本固件。7.1 系统新增加了辅助转向的安全限制，当车主开着特斯拉 Model S 进入住宅区行驶时，车辆可以通过地图自动识别道路环境，将车辆限制在一定速度内行驶。

此外，7.1 系统还加入了手机召唤功能。借助召唤功能，即使驾驶员在车外，Model S 和 Model X 也能完成泊车和驶离车位的操作，甚至还能根据需要开启和关闭预编程车库门。召唤功能是公司迈向全自动驾驶的重要一步，展现了特斯拉在自动驾驶领域的领先地位。目前，特斯拉被认为是全世界量产车中主动安全和准自动驾驶性能最先进的汽车。

值得注意的是，特斯拉的自动驾驶功能也在通过“自主学习”进行不断完善和优化。目前，遍布 42 个国家的客户已驾驶 107 000 多辆特斯拉汽车累计行驶了近 20 亿英里。特斯拉自动驾驶功能正在以每天 100 多万英里的速度进行学习。特斯拉能通过汽车与中央数据库的无线连接来收集和在车辆间共享详细行驶数据，这令其在打造可靠体验方面具备了一个独特优势。

# 第9章
## Chapter 9
# 移动搜索的未来——视觉搜索

眼睛是我们探索世界的入口，我们经常会对所看见的东西感到好奇，总是会提出“这是什么？”的问题，当图像遇到搜索引擎，产品化的火花——“视觉搜索”（Visual Search）便应运而生，给你想要的答案。

人类有近 80%的信息获取来自双眼，人们对所看到的事物总是充满了好奇心，当你对路边一只小狗感兴趣时，使用视觉搜索软件进行识别，你会知道它属于哪一种狗，它的成长历史和基因信息，它的生活习性，怎么样可以养好它，周围是否有兽医，是否有代遛狗的人，在什么地方可以买到这种狗等一系列的相关信息。

目前移动设备逐渐普及，智能化程度也越来越高，搜索的过程逐渐从 PC 端转到了移动设备（如手机）中，搜索方式正发生转变，文字、声音已无法满足人们的搜索要求，视觉搜索更加符合人们随时随地搜索的特性，贴近自然的搜索模式将取代传统的搜索方式。

## 01 Section　什么是视觉搜索

移动搜索相比较于传统 PC 的搜索发生了较大的变化，主要体现在以下方面：搜索诉求不是仅单纯地获取信息，而是对本地化、生活化的具体实体展开搜索；搜索方式从 PC 端的 Web 网页演变为 App；如图 9-1 为移动终端的部分传感器的展示，由于传感器的丰富，输入方式从传统的文字输入演变为文字、声音、图像、位置、体感等的综合输入，因搜索场景的移动性和网络环境的变化而发生变化；操作自然、智能和互动，便捷性显著提高，如选用语音和图片输入；广告营销模式也更加灵活多样。

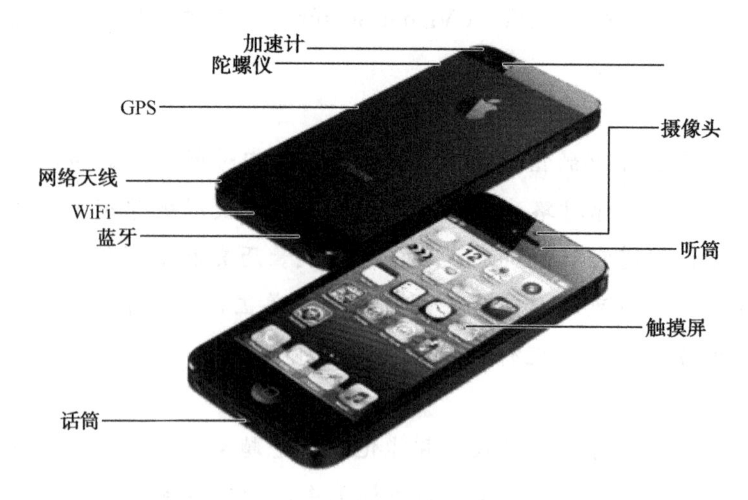


图 9-1　移动终端的传感器

“贴近自然的搜索模式终会取代传统的搜索模式”。在移动端，基于语音的搜索技术已经较为成熟，具有代表性的就是苹果的 Siri，它可利用人们的口述信息进行检索，Siri 的出现让搜索更加符合人们的自然需求，使人与机器的交互演变为人与人的自然交流。此外，还有基于位置的搜索，当我们旅游至某地后，就可以收到相应的酒店、餐馆等的提示信息，快速让我们熟悉所在地。除文字、声音、位置等搜索外，又一自然搜索模式——视觉搜索也将深度影响人们的生活。

移动互联网终端的视觉搜索比语音搜索发展潜力要更大。语音搜索相交于视觉搜索来讲，识别率低，对使用者的说话语速、语气、口音等具有较高的要求；语音搜索适合相对独立和安静的空间使用，使用场景局限，使用手机语音会干扰周围的人，也极容易被周围环境干扰。视觉搜索在移动场景下对“线下实体”的搜索，如环境、商铺、餐厅、招牌、商品、图书、菜品、景点，等等，具有天然的技术优势。

视觉搜索是通过搜索视觉特征，为用户搜索互联网上相关图形、图像资料检索服务的专业搜索引擎系统，是搜索引擎的一种细分形态。视觉搜索的基础，可简单理解为当你拍摄一张照片后系统会提取此图片的信息，然后和库中的图片进行比对，最终找出和图片具有极高相似度的一张图片。移动互联网时代的入口是摄像头，就像 PC 时代的搜索框一样，而流量入口是搜索引擎的生命之源，这也就是谷歌和百度等搜索巨头都对视觉搜索投入大量资源的原因。

视觉搜索这种技术已有很长的发展时间了，传统的 PC 的 Web 端已有百度识图、 Tineye、Picitup 等搜图网站。当我们在文库、微博或贴吧等地方看到一张喜欢的图片，但苦于图片中有水印而无法收藏时，或看到了一张外文的宣传海报，但由于知识水平无法看懂上面的外文信息，此时人们只需要把这个图片上传到识图引擎上，我们很快就能得到我们想要的信息。图 9-2 是借助图片检索进行的视觉搜索实例，借助图片视觉搜索，可检索公众人物、感兴趣的影片、图片真假识别、图片质量优化等。

视觉搜索在 PC 端上优势有限，但当把该搜索技术 “移动”起来，其功能便异常强大。移动终端设备目前几乎全天都在我们身边，已经是生活必需品了，借助移动终端在生活中发现新东西的概率，远比在网页浏览时发现新东西的概率要大得多，而利用传统搜索无法准确地完成对事物的描述，很多时候这就成了一个有头无尾的搜索过程。但在移动端选用视觉搜索的话，借助所拍影像或图片资料，马上就能得到我们想要的结果，快捷、高效且符合人们的自然习惯。

图 9-2 视觉搜索的部分实例

## 02 Section 视觉搜索能做些什么

视觉搜索技术基本功能是查找相似图片、识别图片中的事物等，当这种神奇的搜索能力与移动端的穿戴设备、社交网络以及数以万计的 App 结合起来时，这种搜索方式立刻会变到十分强大，影响我们生活的方方面面。

### 1. 电子商务领域

搜索引擎的一个重要应用就是与电子商务结合，而视觉搜索更是将这一应用往前推进了一大步。

在商店里当我们看上一条领带，但不喜欢它的颜色，同时我们期望买到性价比更高的商品，此时，我们要做的只需要拍下领带的样子，然后将其跳转至京东、淘宝等终端 App，很快就能得到具体的价格还有其他类似的领带信息，给了我们更多的选择，帮助我们更快选择到真正符合我们需求的商品。图 9-3 展示了如何借助视频搜索购买心仪的领带。

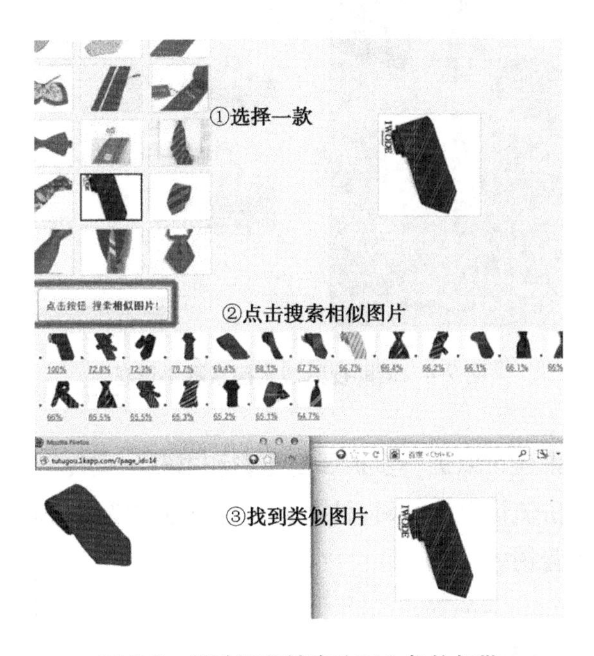


图 9-3　借助视频搜索购买心仪的领带

我们在逛音像店时，无意间看到一个新专辑，在杂志中经常见到专辑中的这位歌手，有购买意向，但是由于手头信息有限，无法查询该歌手的名字，同时也不知道她的歌是否符合自己的兴趣。此时我们既可以借助视觉搜索，拍摄 CD 的部分封面直接进入某 App 听到这首专辑中的歌曲，还可以看到该歌手演出时的视频、评论、最新消息、买票的地点、照片或推文等相关的信息。图 9-4 展示了如何借助视频搜索检索歌手信息。

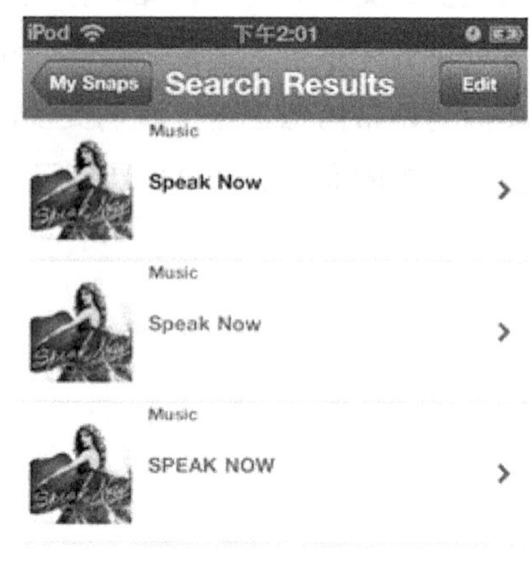


图 9-4 借助视频搜索检索歌手信息

类似的情景还可以进一步扩展到电影和书籍的宣传海报中，方便人们快速获取有价值信息的同时，使产品有针对性对特定用户进行全方位、多角度的宣传营销。

## 2. 社交领域

视觉搜索在社交方面也有不错的应用，它有助于我们结识一些与我们有相同兴趣爱好的人，扩展深化社交网络。Clickpic 就是这样的产品，我们拍摄自己的照片上传后，我们可以看见社交网络中其他用户的相似图片，通过这种相似的图片便可建立起话题式讨论小组，结识具有相同兴趣爱好的人们，扩大上传者的社交网络。目前在中国由于 Clickpic 相似识别率不高、数据库内容有限、无法进行评论等其他水土不服的特点，并不能很好地实现国人的社交需求，但该社交方式具有进一步深入发展的潜力。

### 3. 图形设计领域

在图形设计领域，设计者并非是完全从无到有的，他们常常需要在已有的设计元素基础上，加入用户需求及自己的设计理念进行深入设计，因此，已有设计元素库的容量及设计者快速定位元素库中的某些图形，即常常需要根据设计要求快速检索到需要的图片信息至关重要。视觉搜索可根据设计者要求，高效检索图片信息，有效增加设计者的灵感，减少无效劳动。

FindIcons 是全球最大的图标搜索引擎，它采用层次性搜索，目前有 299 964 个图标，2234 个图标集，用户可通过风格、尺寸、授权、颜色等要求进行细化筛选，检索到所需要的图标，对于图形设计者的高效工作大有裨益。

### 4. 人工智能领域

当今时代，人工智能的技术水平逐渐增加；而视觉搜索即为利用机器更好地服务人类的技术，它用到人工智能的很多技术，同时也是人工智能技术发展的有效补充与发展。

视觉搜索的产生与应用使机器智能化程度更高。瑞典公司 Polar Rose AB 在 2006 年就开发了在搜索软件中加入面部识别技术的方式，通过采用 3D 模式解析脸部图片，将人的脸部统计出多个不同的特征；Xcavator、Picitup、Gazopa、谷歌等都有脸形匹配或是以人物个数为检索图片的筛选项。

条形码/二维码在线下搜索场景和诉求方面开了先河，除了商品外，还可对电视节目、朋友的名片的二维码“扫一扫”，匹配信息并建立联系；但二维码/条形码仅在某些特定类型的物品上，它天生就是给机器读的，世界并不是充满了二维码。视觉搜索就可以做到人眼所见即所得，只要人们能看到的，它都可以帮助我们进行抓取并搜索。

### 5. 医学领域

许多的医学和健康的相关专业需要使用到如 X 光、扫描影像之类的可视信息资料，用于诊断和检测疾病。视觉搜索技术能够有效地用于这类信息的表示、存储、传输和分析，针对该领域的研究主要集中在图像处理上，例如，边界或者特征检测，可用于跟踪肿瘤的生长。该领域已经有成功的使用案例如 Public Health Image Library。

## 03 Section 产业发展现状

摄像头目前已是移动设备的标配，视觉搜索具有巨大的发展潜质，随着视觉搜索技术趋于成熟，未来的搜索方式也会更加自然，更加贴近我们的生活实际，并带动更多产业的发展。

### 1. 应用领域

视觉搜索涉及我们生活的方方面面，涉及的应用领域也极其广泛，除直接影响电子商务、社交、图形设计、人工智能、医学等领域外；在出版、建筑设计、天文学、地理学、历史研究、音乐搜索等方面也正被利用或试验。视觉检索正随着相关技术的发展更广泛而深入地进入我们的生活。

### 2. 相关公司与产品

在这项神奇的技术领域，国际互联网巨头谷歌、百度、TinEye、GazoPa等纷纷摩拳擦掌。目前涌现出很多视频搜索类引擎，包括百度的百度识图，按图搜索的购物搜索引擎，谷歌的以图搜图，等等。

谷歌在 2009 年分别推出网页版 Google 相似图片搜索和 Google Goggles，后者是一款安卓版 App，可以拍照并搜索相似照片；2010 年，谷歌特意收购了英国视觉搜索公司 Plink，以加强 Goggles；谷歌将相似图片搜索技术应用于购物搜索，其他方面并未带来商业价值；直到 Google Glass 的出现才让其积累多年的视觉搜索技术有了爆发的空间。Glancely.com 网站创立于 2010 年 10 月，专注提供实时的视觉搜索技术，让用户通过价格、颜色等元素挑选商品。百度在 2013 年年初发布了其视觉搜索功能，为国内首家视觉搜索引擎，凭借图片即可进行搜索。Blippar 将自身打造成一个无所不包的通用视觉搜索，以补充基于文字和基于链接的搜索引擎的不足。

### 3. 产业规模

视觉搜索所带来的更多的是对传统检索方式的提升，而正是由于搜索方式的丰富，扩大了人们认知世界的手段，带来的产业革命的升级也就是顺理成章的。未来 5 年，单单移动视觉搜索所带来的电子商务产业的发展就将是十亿级产业规模，如果进一步核算对社交、医学等领域的影响，预计将达到数百亿规模。

### 4. 存在问题

视觉搜索的未来很令人期待，但现实技术实现仍不尽如人意。李彦宏曾指出，视觉搜索目前仍是待解的技术难题。视觉搜索关键技术密集，并且面临与以往的搜索技术完全不同的背景技术难题，例如，移动端相机水平的参差不齐，照片信息模糊、色彩失衡、过度曝光、数据量大等问题，技术发展相对迟缓。

技术发展方面既有挑战也有诸多进展，例如，目前在对平面或刚性物体（油画、书籍、建筑物、CD、明星照片等）的搜索方面，准确率已超过 90%；而对于非刚性物体的图像识别，需要更加有效的机器算法（比如，活动中的动物）。部分软件的人脸识别性能已做到极高的精度，主要是由于人脸的规则性及海量的人脸照片库；在常规图像/影像资料等方面，视觉搜索的识别率显著低于二维码和条形码识别率。正如常规文字搜索引擎尚无法完全解析人类自然语言一样，视觉搜索技术也无法完全了解图像的语义内容，对影像赋予的语义理解较为困难，凭借目前识别技术，仅仅是将获取的资源进行清晰明确地罗列，然后让用户自行筛选，后续机器预处理数据量巨大。图 9-5 为某明星的人脸识别效果。

图 9-5　某明星人脸识别效果

视觉搜索的人机交互性有待进一步改善。苹果公司的 Siri 的语音搜索是在对话中完成的，而现在视觉搜索仍是传统文字检索的方式，使用者提交待检索内容，然后进行检索的方式，交互的自然性较差。

此外，视觉搜索的数据传输量极大，对网络传输质量提出较高的要求，随着 WiFi 覆盖加强及 4G /5G 时代的到来，网络环境更好，视觉搜索性能也会大幅提升，李彦宏预言当搜索时长变为 0.1 秒以内后，视觉搜索就将迎来大规模应用。

在我国，视觉搜索的相关应用研究虽不少，但均处于测试阶段，如搜图购。搜图购的搜索方式主要是看图搜图和实例式图片搜索，但搜图购的技术与 Like 相差较远，可搜索的商品种类也有限，在试验结果中常有出现男女服装不区分，服装类别差异过大等情况。

## 04 Section　对经济和社会的影响

目前地图、语音搜索已相对成熟，而下一个正在爆发的则是视觉搜索，它必将影响我们的生活，带动新一轮技术产业的升级发展，加快互联网的变革；技术也是一把双刃剑，它的发展也必将挤压我们的隐私空间。

### 1. 变革传统搜索引擎

视觉搜索技术在 PC 端上的应用已经发展了很多年，积累了很多图像识别的先进经验，但相对其他检索方式，仍属于小众，目前移动网络迅猛发展，我们整天都携带的移动设备，在生活中比在 PC 网页浏览时发现新东西的概率要大的多。将视觉搜索与移动终端相连接，便会产生深度的化学反应，功能不可小觑。传统的文字搜索，我们需要忍受虚拟键盘打字的不方便，同时描述我们看到图案的特征较为困难，在很多情况下，这是一个有头无尾的搜索过程，而视觉搜索只需要拍下照片，继而上传到网络，马上就能得到我们想要的结果，简洁高效。

### 2. 智能终端新模式

自然环境中的物体、图片信息，对于视觉搜索引擎来讲，都是将真实的物理世界信息映射为互联网信息的方式；类似于 Google Glass 的智能眼镜等穿戴设备的普及具有里程碑的意义。它的出现让人们眼睛多了一个视觉搜索功能，之前人类看到环境，然后搜索大脑来对环境做出反应，但现在我们又增加了海量的云端信息，增加人类知识领域的同时，还使得操作更加自然便利，在这个过程中，终端设备的摄像头便作为了移动互联网时代的入口。

### 3. 丰富人类认知世界的手段

视觉搜索能帮助我们更好地认识世界，增进我们获取知识的手段。它能识别现实生活中的更多事物，比如书籍、电影、DVD、植物和动物，等等。另外，在我们所更加清晰认识的世界中，也结识了更多人，此时它已经不再是一个简简单单的搜索引擎了，它还承载了社交的功能。用户利用百度的相似脸识别功能进行自拍，可以结识和自己相像的明星、朋友或附近的人，这使人们之间有了更多的联系，之间进行的分享也从线上顺理成章地发展到线下。图 9-6 是百度的面部识别搜索功能演示。

图 9-6　百度的面部识别搜索

### 4. 人类的隐私性被进一步挑战

“科技越进步，人类越暴露”。技术都是具有双面性的，视觉搜索技术快速发展成熟之后，每个人都将完全暴露于他人视觉搜索终端的设备中，你无法判断对面的人是否在用他“第三只眼睛”拍摄记录甚至检索你，个人隐私将被进一步压缩。此外，越来越聪明的技术和设备除了压缩人类隐私外，还将对人类的地位产生挑战。

# 第 10 章

## Chapter 10

## 区块链：金融服务智能化、安全化的新生力量

2016年4月30日，IBM宣布了一系列运行在IBM云服务和Docker上的区块链服务，以及运行这些服务的安全标准。这是IBM两个月来第二次在区块链相关领域的动作，目前已经有多家大公司与IBM一起合作进行这方面的探索，IBM近期一直试图推出更多基于云的创新服务，以弥补传统服务收入的下滑，推出区块链服务也符合这一战略。同时这一举措也让IBM在相关领域比其他竞争对手抢先一步。

## 01 Section 认识区块链

作为数字货币“比特币[1]”的底层技术，区块链[2]本质上是一个去中心化的分布式的巨大账本数据库，其具有如下特性。

**去中心化（Decentralized）** 区块链是一个由各矿工节点记账维持，并储存在全球范围内各个去中心化节点的公开账本，因为每个节点和矿工都必须遵循同一记账交易规则，而该规则基于密码算法而非信用，同时每笔交易需要网络内其他用户的批准，所以不需要一套第三方中介结构（比如银行）或信任机构背书。在传统的中

[1] 比特币没有一个集中的发行方，而是由网络节点的计算生成的，谁都有可能参与制造比特币，而且可以全世界流通，可以在任意一台接入互联网的电脑上买卖，不管身处何方，任何人都可以挖掘、购买、出售或收取比特币，并且在交易过程中外人无法辨认用户身份信息。

[2] 区块链是一串使用密码学方法相关联产生的数据块，每一个数据块（区块）中包含了过去十分钟内所有比特币网络交易的信息，再把加密数据块（区块）按照时间顺序进行叠加（链）生成的永久、不可逆向修改的记录。

心化网络中，对一个中心节点（比如支付中介第三方）实行有效攻击即可破坏整个系统，而在一个去中心化的区块链的网络中，攻击单个节点无法控制或破坏整个网络，掌握网内 50%的节点只是获得控制权的开始而已。

**去信任（Trustless）**　在区块链网络中，通过算法的自我约束，任何恶意欺骗系统的行为都会遭到其他节点的排斥和抑制，因此其不依赖中央权威机构支撑和信用背书。传统的信用背书网络系统中，参与人需要对于中央机构足够信任，随着参与网络人数增加，系统的安全性下降。与之相反，区块链网络中，参与人不需要对任何人信任，但随着参与节点的增加，系统的安全性反而增加，同时数据内容可以做到完全公开。

从应用角度看，区块链技术的优势在于以下方面。

### 1. 解决“双重支付”问题

加密数字货币和其他数字资产一样，可以将一个文件以附件形式保存并发送任意多次，具有无限可复制性的缺陷。如果没有一个中心化的机构，人们无法确认一笔数字现金或资产是否已经被花掉或提取。为了解决“双重支付”问题，可以信赖的第三方需要保留交易总账，从而保证每笔现金或资产只被花费或提取过一次。在区块链中，每一个区块都包含了上一个区块的哈希值，从创始区块开始连接到当前区块从而形成区块链。每一个区块都要确保按照时间顺序在上个区块之后产生，否则前一个区块的哈希值[3]是未知的。同时，由于区块链中所有交易都要进行对外广播，所以只有当包含在最新区块中的所有交易都是独一无二的，且之前从未发生过，其他节点才会认可该区块。因此区块链可以有效抑制双重支付问题。图 10-1 是区块链交易简易流程。

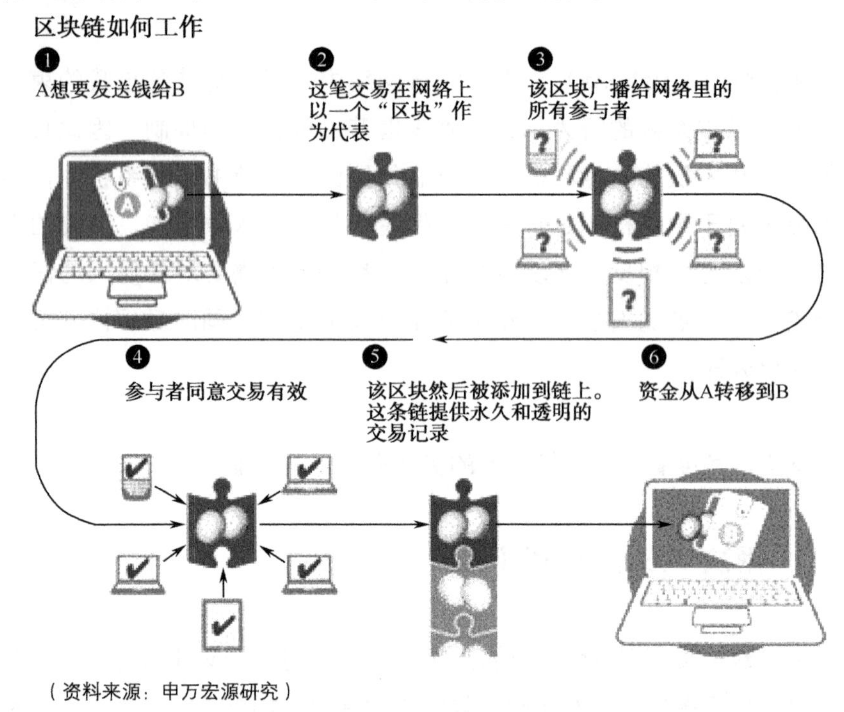


（资料来源：申万宏源研究）

图 10-1　区块链交易简易流程

[3] 哈希算法将任意长度的二进制值映射为较短的固定长度的二进制值，而这个小的二进制值即为哈希值。哈希值是一段数据唯一且极其紧凑的数值表示形式。如果散列一段明文中哪怕只更改该段落的一个字母，随后都将产生不同的哈希值。要找到散列为同一个值的两个不同的输入，在计算上是不可能的，所以数据的哈希值可以检验数据的完整性，一般用于快速查找和加密算法。

## 2. 解决“拜占庭将军问题”[4]

区块链解决的核心问题不是“数字货币”，而是在信息不对称、不确定的环境下，如何建立满足经济活动赖以发生、发展的“信任”生态体系。而这个问题称之为“拜占庭将军问题”，这是一个分布式系统中进行信息交互时面临的难题，即在整个网络中的任意节点都无法信任与之通信的对方时，如何能创建出共识基础来进行安全的信息交互而无须担心数据被篡改。区块链使用算法证明机制来保证整个网络的安全，借助它，整个系统中的所有节点能够在去信任的环境下自动安全地交换数据。

区块链技术的价值在于其通过对已有技术的整合，并对存储数据的区块打上时间的烙印，形成一个连续性、环环相扣的真实的数据记录、存储和表达的分布式系统。通过分布式记账、分布式传播、分布式存储，我们可以发现没有哪个人、没有哪个组织、甚至没有哪个国家能够控制这个系统，系统内的数据存储、交易验证、信息传输过程全部都是去中心化且透明的，这也有效杜绝了欺诈和仿制比特币的行为。区块链技术的应用优势和特征可以保证比特币以数字形式具备货币的基本属性，可以说，区块链技术是比特币的核心和基础架构，没有区块链技术，比特

[4]　拜占庭将军问题的核心是如何协调沟通：当战场上多个将军互相不信任（存在叛徒）时，互相相隔甚远无法碰头，但却要保证进攻时间一致，此时某种分布式远程协调沟通机制尤为重要。如果 10 个将军中每个将军向其他 9 个将军派出 1 名信使，也就是 10 个将军每个派出了 9 名信使，即为总计 90 次的传输，每个将军会分别收到 9 条信息，可能每一封都附着不同的进攻时间。此外，部分将军会答应超过一个的攻击时间，故意背叛发起人，所以他们将重新广播超过一条的信息链。这个系统迅速变成不可靠信息和攻击时间相互矛盾的混合体。

币将会失去其应有的生命力。

## 02 Section 区块链技术的应用与发展

经历多年的发展，区块链技术发展日新月异，区块链已经超越了数字货币领域，在多个方面都拓展出了其独特的应用价值，并且已经表现出了可以重塑社会各个方面及运作方式的潜力。根据区块链科学研究所（*Institute for Block chain Studies*）的观点，目前由区块链技术所带来的已有和将有的革新主要分为三类：区块链 1.0、2.0 以及 3.0。

### 1. 区块链 1.0：更快、更安全、性价比更高的支付系统

区块链 1.0 对应的是数字货币，这方面的应用和现金有关，包含货币转移、汇兑和支付系统等。

根据波士顿咨询（BCG）的预测，到 2023 年，全球支付业务收入预计将会达到 8,070 亿美元。区块链技术可以在安全性、交易时间、消耗费用上对传统支付业务进行颠覆式改进。自从区块链技术推出以来，平均每日的交易数量、金额总量以及平均每笔金额皆稳步大幅上升，从运营能力上证明了其替代现有传统支付业务的能力。

安全性上，基于区块链技术的支付系统采用的是分布式“推式（Push）”支付，而非传统的集中式“拉式（Pull）”支付。“推式”支付中，用户将付款金额发送至商家，过程中不用提供自己的私人银行账户信息，

防止相关交易信息成为黑客和不法分子窃取的目标。

相比传统支付方式，基于区块链技术的支付方式可以大大缩短支付时间。对于传统信用/借记卡交易来说，一天以上的处理时间非常常见，跨境支付更是需要两三天的时间。而区块链支付短则几秒，长也不过几个小时的速度对于交易双方的吸引力更为明显。处理时间的缩短对于某些特殊交易类型有着不一般的意义。对于大笔跨境支付来说，传统交易中所需要的两三天处理时间，实际上是让交易金额在一段时间内被迫处于了冷冻的状态。对于公司之间的大宗交易来说，两三天的投资机会成本是巨大的，区块链技术因为其更短的处理时间，可以将机会成本大大降低。同时，更快的处理也降低了交易时间拉长存在的风险。

此外，区块链技术可以大幅改善甚至颠覆现有数字货币以外的各种资产交易系统，在例如金融衍生品、外汇、私人股权、能源信用挂钩投资品等资产的清算结算等交易后市场程序中大显身手。区块链技术可以为这些市场程序带来更快的速度、更短的结算周期、更低的费用以及更强的安全性。

## 2. 区块链 2.0：更智能自主的物联网

区块链 2.0 对应的是智能合约，这方面的应用主要在经济、市场、金融领域等，但其可延伸的范围比简单的现金转移要宽广，可以涵盖股票、债券、期货、贷款、按揭、产权等。区块链技术还会在物联网、金融市场交易、网络安全、公共记录、金融市场等多个领域大显身手，改进目前各个领域的服务流程，甚至颠覆这些行业内的传统商业模式。

以物联网为例，近年来其迅猛的发展趋势反映了人们对于智能服务的需求，与此同时，物联网的迅速发展对于智能设备的管理和运营水平也提出了更高的要求。目前智能设备之间的连接和计算基本上是基于对数据处理过程的信任（第三方），而随着智能设备数量呈现指数性增加，摆脱这种信任所带来的不确定性是必然趋势。区块链对于物联网的最大意义在于在海量的智能设备之间建立了低成本的互相直接沟通的桥梁，同时又通过去中心化的共识机制提高了系统的安全性和私密性。

根据 IBM 提出的概念，“运用区块链技术，可以为物联网的世界提供一个引人入胜的可能性，当产品最终完成组装时，可以由制造商注册到通用的区块链里，一旦该产品售出，经销商可以把它注册到一个区域性的区块链上（社区、城市或国家），通过创建有形资产，匹配供给和需求，物联网将会创造一个新的市场”。区块链技术可以被用于追踪设备的使用历史，协调处理设备与设备之间的交易。

区块链技术还可提升物联网上各个节点设备运营的长久性。目前偏中心化的物联网顺利和持久运作对于各个中心节点（例如，设备制造商、数据运营商等）提出了较高要求。为了保持运作，各中心节点需要付出大量的运营费用，同时一旦中心节点不再运作或者退出市场，大量相关设备将面临瘫痪的局面，会给用户直接造成影响。大量运营费用的必要性也为试图进入物联网，有潜力成为中心节点的公司创造了较高门槛，影响了网络内的创新活力速度。对于设备制造商来说，将物联运作外包给区块链网络可以减少运营的费用负担，从而将更多的精力放在产品本身创新上，同时提升运营持续性，有效增强用户信心。

### 3. 区块链 3.0

区块链 3.0 则对应的是超越货币、金融、市场以外的应用，主要在政府、健康、科学、文化和艺术方面。目前该领域暂无大规模商用出现。

## 03 Section 区块链技术存在的问题

在历经多年发展后，目前比特币区块链已成为应用最广泛的数字货币区块链。截至 2016 年 3 月，比特币区块链的市值已经达到了 62.9 亿美元，并仍处于稳步增长中。比特币区块链是为了比特币的货币化产品设计而定制，因此比特币区块链的特点并不一定就是区块链技术本身的特点，只能说现在的区块链技术具有的某些特点基本上都是从比特币上推导而来的，而且，目前区块链技术仍处在发展变化之中，该技术的成熟形态尚未确定下来，能不能作为定论还有待商榷。对于应用最早，相对较为成熟的比特币领域，区块链技术反映出的一些问题具有一定的代表性。

### 1. 费用增加

虽然目前用户可以将信息保存到最小额的比特币交易中，但用户仍需向进行确认工作和交易打包进区块链的矿工交付交易费用。目前最少的交易费用是 0.0001BTC（大约 0.04 美元），其将随比特币价格上涨而增加，高频率的记录会大幅提高成本。

### 2. 容量限制

在比特币区块链设计之初，其人为地将一个区块的容量设置为

1MB，而后期随着比特币发行量的增加和相关应用类型的增多，比特币区块链网络开始逐渐达到 1MB 的上限，交易开始时不时被迫推迟，扩容成为迫切的需求。

### 3. 确认时间长

目前比特币需要平均 10 分钟才能确认交易并将交易记录到区块链中。比特币网络每个区块只能容纳 4096 笔交易，无法处理超过每秒 7 次的交易，相比于 Visa 这样每秒能够处理 2000 笔交易、最多可以允许 10 000 笔每秒峰值交易的支付系统，比特币显得力不从心。根本原因在于比特币区块链是通过工作量证明（Proof of Work，POW）系统来确保系统的安全性和运作，而工作量证明的形式一般是让计算机来解决一个数学问题，当工作量达到峰值、计算机的极限又较固定时，运算时间会放缓。有时为了安全性，对于大额交易甚至要花费更长时间来处理。

此外，很多人也指出在区块链上搭建应用面临着种种限制，所以区块链可不可以有多种形态、多种用途、多种规格设定，现仍在探索中。目前的努力有的是改造比特币区块链，有的是新建区块链，有的是拓展比特币区块链的外延，但总的来说到目前为止还并没有突破性的进展，这意味着对区块链技术自身的研究和改造仍有待加强。

### 4. 能量消耗高

算力[5]（挖矿速度）在比特币区块链的挖矿中尤其重要，早期估计

---

[5] 算力是挖矿速度的专业说法，指计算机每秒产生碰撞（Hash）的能力。

全球比特币区块链网络每天在挖矿中花费 150 万美元，一年将近 5.3 亿美元。目前随着矿机算力的提高，消耗的能量和金额水涨船高，根据 Coindesk 的测算，在全网算力达到 110 000 000 GH/s 的今天，目前整个网络每日需要耗电 80 666 千瓦，相当于 707 120 500 千瓦时/年。按照每兆瓦 100 美元计算，这些电力一年需要消耗 7071.2 万美元，而为了达到 110 000 000GH/s 的算力，大约需要 36 670 台海王星矿机（每台售价 9995 美元），如果一年需要更新支出 2 次，一年内算力投资的费用就需要 7.33 亿美元，所以一年下来总消耗将近 8 亿美元，同时整个网络会释放 42 万吨的二氧化碳。虽然相比黄金币制比特币能量消耗更低，相比信用纸币制更加安全，但如果比特币区块链希望得到更广的普及、更大的规模，能量消耗是必须要克服的瓶颈。

# 第 11 章
## Chapter 11
# 自适应安全架构

"从世界范围看，网络安全威胁和风险日益突出，并日益向政治、经济、文化、社会、生态、国防等领域传导渗透。"

——习近平 2015 年在乌镇网络安全峰会上的讲话

大数据时代中，安全数据也逐渐趋向大数据化。面对更加千变万化、持续广泛的安全威胁，传统安全架构以及安全分析已经陷入非常被动的局面，暴露出易受攻击、恢复弹性低、低移动性、高消耗等问题。应对发展挑战，重新审视安全防护，人们认识到信息安全正在变成一个大数据分析问题，化被动防御为主动预防，自内而外地构建新的防护体制，以情报为驱动，对内容、基础设施开展立体式的防护，才能重塑网络安全。

## 01 Section 什么是自适应安全架构

自适应安全架构是一种基于内容智能感知的一套全面保护架构，其将防御、检测、响应和预测组成闭环控制，多维度多层次地对网络报文流、操作系统活动、内容、用户行为等所有应用层服务进行闭环控制。

传统安全架构是一种基于策略的边界防护机制，已发展部署 40 年有余，其主要通过架设防火墙（FW）、入侵检测系统（IDS）、入侵预防系统（IPS）、虚拟专用网（VPN）来集中拦截和防御。然而，高级定向攻击总能轻而易举地绕过这些防御，加之网络攻击越来越持续、频繁，采用传统安全架构的企业级网络在检测和反应能力上显得越来越不适用，

“停摆”时间变长，损失增大。

日趋严峻的网络安全问题引起人们高度的重视，相关企业、研究机构们经过几年研究探索共同认识到：传统安全架构过度依赖阻截和防御机制，无法适应未来网络架构的迅速变化以及随之而来的攻击。因此提出，未来网络安全应基于业务自内而外地构建安全体系，企业级网络的核心功能应是对业务行为进行识别分析和持续监控。由此，自适应安全架构应运而生。

发展自适应安全架构（图 11-1）是一种安全理念上的根本切换。首先，其强调从“应急响应”转到“持续响应”，认为攻击是不间断的，黑客渗透系统和企图获取信息的努力是不可能被完全拦截的。系统应承认自己时刻处于被攻击中，并持续检测、完成修复。其次，在实现上不应再沉迷于阻断，而应更多关注检测、响应和预测能力。来自不同供应商的网络、终端和应用安全防护平台应当通过对知识的集成以建立情境感知，提供预测、组织、检测和响应等能力。再次，安全监控和策略执行应当直接运作在每个业务单元而不依赖于基础设施或硬件，赋予企业级网络更细粒度和更丰富的持续监控能力和行为分析能力，可以真正做到对多形态攻击甚至高级攻击的快速响应及恢复，同时对任何基础设施和业务的变化具备自适应能力。最后，建设基于以情报为驱动的安全运营中心（SOC），将其作为中心节点全面地支持持续检测，形成全要素融合的安全分析与防护平台（图 11-2）。

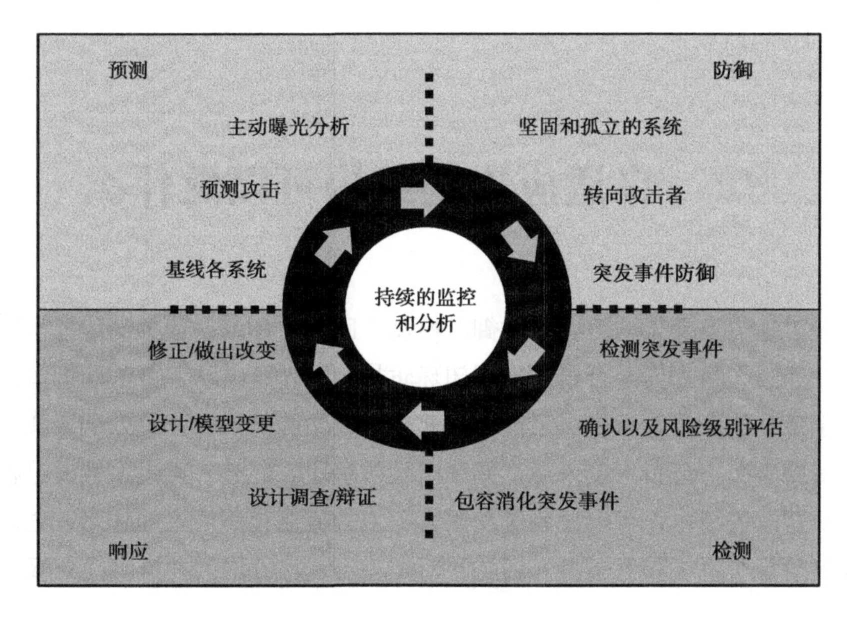


图 11-1　自适应安全架构基本概念

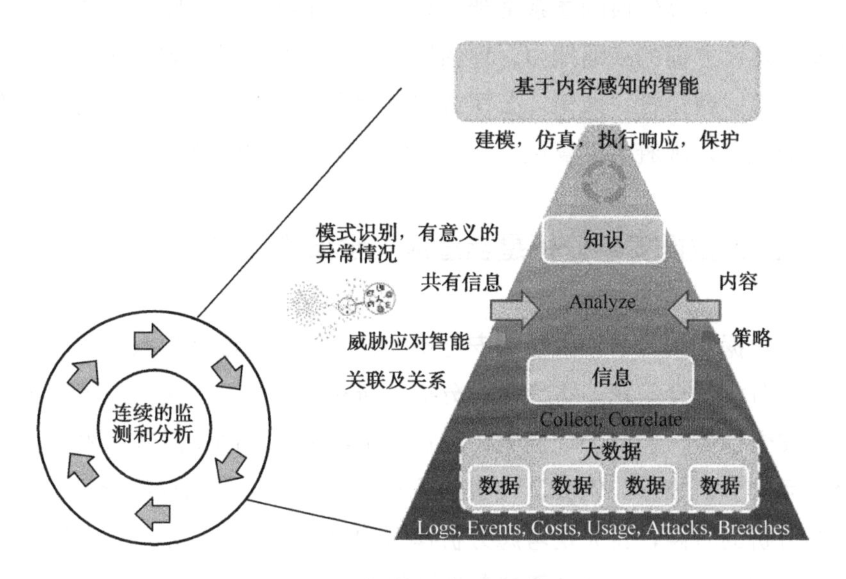


图 11-2　以情报驱动的大数据分析

## 02 Section 自适应安全架构可以做什么

自适应安全架构可以集防御、检测、回溯、预测四项关键能力于一身，通过大数据安全分析来实现闭环防护控制，既继承了传统防御体系基于策略的拦截与阻击，又能发现那些逃过防御的攻击，高效调查和补救威胁事务，分析入侵来源，并生成预防手段。此外，通过大数据分析和机器学习技术，可以让系统从黑客行为的监控过程中主动学习，主动锁定对现有系统和信息具有威胁的新型攻击，定位漏洞并排出优先级。

作为一个高价值的体系框架，自适应安全架构将帮助企业或机构获得安全建设方面的战略能力，评估出网络安全建设最急需的能力及所需投入，可以避免被“大佬”公司或者“明星”创业公司所提供的整体方案笼而统之，规避了反复投入而防护能力还是单薄的风险。

### 1. 大数据安全分析是自适应安全架构的核心

大数据安全分析和大数据安全不同，它是安全数据的大数据化，主要用来分析安全问题。将大数据分析中所有普适性的方法和技术应用到网络安全领域，需要因地制宜，根据安全数据自身的特点选取模型，选择适用的分析技术。例如，在进行异常行为分析、恶意代码分析、APT攻击分析的时候，首先是考虑分析模型如何选取，其次才是考虑用并行计算、实时计算、分布式计算或其他计算方法来实现模型。Gartner在2012年的分析报告中就指出，信息安全问题正在变成一个大数据分析问题，大规模的安全数据需要被有效地关联、分析和挖掘。

## 2. 安全信息与事件管理

安全信息与事件管理（Security Information and Event Management，SIEM）平台又是大数据安全分析的核心应用，也有人称之为安全分析平台（Security Analytics Platform，SAP）。该平台系统将企业和组织中所有IT 资源（包括网络、系统和应用）产生的安全信息（包括日志、告警等）进行统一的实时监控、历史分析，对来自外部的入侵和内部的违规、误操作行为进行监控、审计分析、调查取证、出具各种报表报告，实现 IT 资源合规性管理的目标，提升安全运营、威胁管理和应急响应能力。图 11-3 是 SIEM 的层次结构。

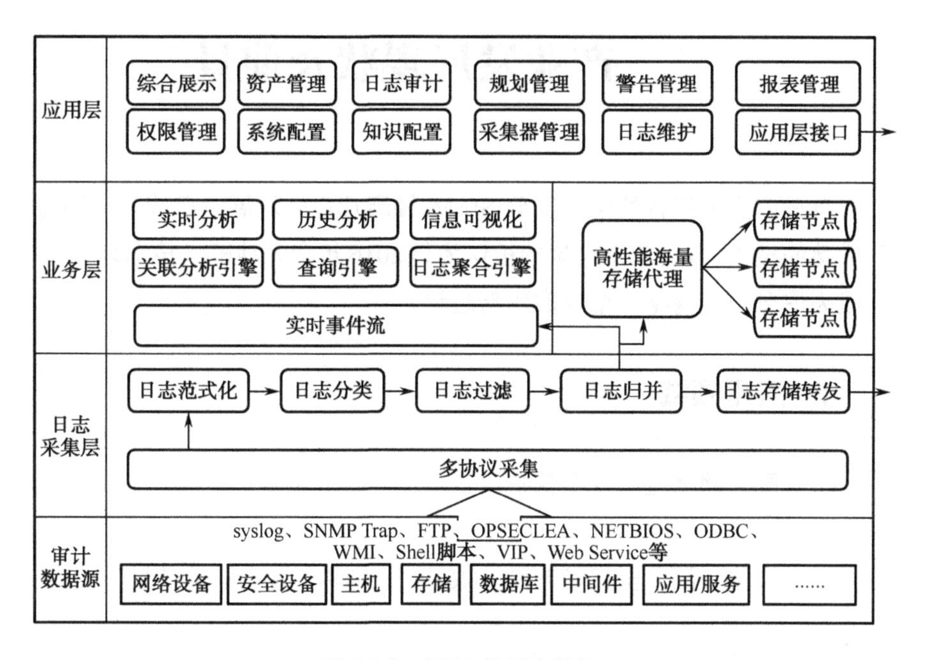


图 11-3　SIEM 的层次结构

除 SIEM 之外，大数据安全分析还包括以下几个方面：

- 高级持续性威胁攻击（APT）检测技术；
- 0day 恶意代码分析；
- 网络取证分析；
- 网络异常流量检测；
- 大规模用户行为分析；
- 安全情报分析；
- 信誉服务；
- 代码安全分析。

## 03 Section 产业发展现状及前景

自适应安全架构的核心部分 SIEM 经历几年的发展，已成为一种趋于成熟的技术。自适应安全架构被认为是 2016 年十大战略性技术之一[1]，将成为信息领域网络安全发展的新趋势。

### 1. 应用领域

（1）国家网络空间安全保护

国家网络空间安全保护系统（NCPS），别称“爱因斯坦计划”，由美

[1] 来自 Gartner 公司 2016 年战略性技术趋势分析报告。

国国家安全部负责设计和运行，旨在开发一套协助联邦政府机构应对信息安全威胁的工具集。该系统为联邦政府机构提供四种网络相关服务的能力，包括：入侵检测、入侵防御、证析和信息共享。其中，证析是指通过对数据进行收集、预处理和分析后对得到的知识进行综合；信息共享则指交换网络威胁和事件信息的过程中所有情报知识在企业网络中共享。这样看来，该系统与自适应安全架构提出四大能力（检测、防御、回溯、预测）是一致的。

该系统已在除国防部及其相关部门之外的其余 23 个机构中部署运行，当前部署的已是第三代爱因斯坦系统，兼顾入侵检测和入侵防御功能，可自动识别和阻断。

根据美国审计署发布的报告显示，截至 2014 财年，该项目通过外包，购买其他互联网服务提供商（ISP）产品已经花费了超过 12 亿美元，计划继续投入以维持现在能力，并扩展其入侵防御、证析和信息共享能力。预计到 2018 财年，项目整体花费将达到 57 亿美元。

（2）安全即服务的新模式

自适应安全架构极大拓展了传统安全架构的体系和方法论，重塑了安全管理平台，可以推动高级威胁检测、欺诈检测、网络威胁情报分析与协作，催生其他各类安全产品。

在业务模式上，催生了安全即服务（SECaaS）的发展。通过整合大数据安全分析与大数据业务分析，安全数据会成为与业务数据相互伴随的成分，需要安全团队与业务技术部门在交互与协作、开发、运维方面开展新的融合。此外，催生了更多安全管理咨询产业，为企业机构量身分析定制新架构下的实施方案。

## 2. 相关产品及公司规模

（1）自适应化安全平台类产品

【案例 1】 illumio 公司的自适应安全平台（ASP）

**背景**

illumio 公司成立于 2014 年，现只有 100 人左右的规模，但在短短两年内获得近 1.5 亿美元的融资。注册资本 142.5 百万美元，A 轮融资 800 万美元（Andreesen Horowitz 公司），B 轮融资 3450 万美元（General Catalyst 公司），C 轮 1 亿美元（Accel Partners, Formation 8 和 Blackrock 公司）。其董事会成员包括 Rubin 和 Cohen, General Catalyst Partners 的 Steve Herrod, Andreessen Horowitz 的 John Jack，Formation 8 的 Joe Lonsdale , Symantec 公司前 CEO John Thompson，其投资者还包括微软董事长 John W.Thompson、Salesforce 公司 CEO Marc Benioff、Yahoo 创始人杨致远、Box 公司 CEO Aaron Levie 和硅谷四家顶尖 VC[2]以及全球最大上市投资管理集团 BlackRock 和五大 VC 之一 Accel Parners。

illumio 是全球第一个将自适应安全平台产品化的公司，其产品回答了“云迁移时代企业如何革命性解决其动态数据中心和云服务上的安全

[2] VC，风险投资公司，这四家 VC 分别是 Andreesen Horowitz、Formation 8（合伙人 Joe Lonsdale）、Data Collective（投资了数家商业分析初创公司，合伙人 Matthew Ocko）、General Catalyst（合伙人前 VMware CTO Steve Herrod）。

问题”这一个重要命题。illumio ASP 的核心功能是减少数据中心和云环境可能遭受的赛博威胁，利用自适应的分块和加密算法让应用之间的信息交流透明可见，这种自适应性不受限于网络结构或者更高的监督管理者。图 11-4 是 illumio 设计的自适应安全平台工作流程。

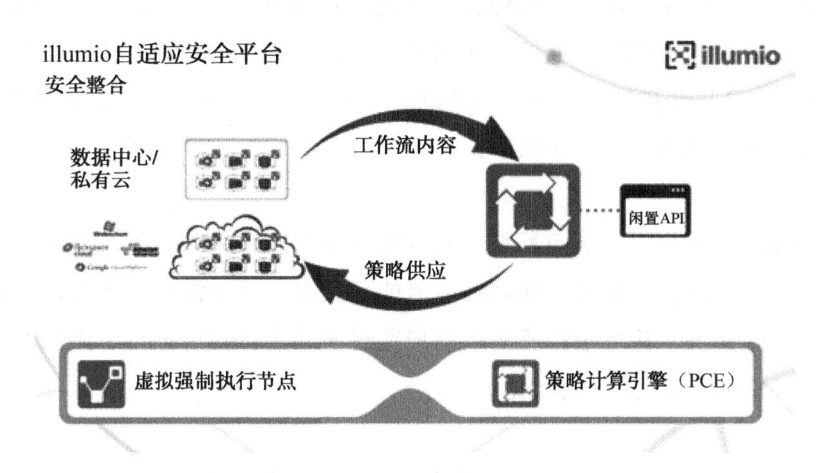


图 11-4　illumio 设计的自适应安全平台

**产品**

ASP 的主要特点就是它独立于基础设施架构以及应用之间的工作流连接关系，可以持续地在虚拟和物理计算环境中工作。ASP 的核心服务能力一是监测和抽象化，二是强制执行（工作流策略的分发和监测），三是保障安全连接（所有工作流元素之间的连接都是加密的）。各个用户交换中心在一个互通的环境中，可以下发监测结果，作用到主机、信息流以及处理过程修改策略。ASP 的应用的场景包括在重要的应用、数据、应用边界建立高可控、可见的防护，巩固加强数据中心、分隔不同的功能环境，在一个较长期的保护策略之下管理复杂的基础设施，以及基于认证策略控制整个域的出入访问。

ASP 关注于工作流处理的自动化，其认为这样可以大大地帮助应用之间持续的交流和分发，其需要整合多种计算能力才能使之开发友好并容易与用户协同的系统。这种自适应性同时体现在用户自定义的特殊需求可以较简单的得到满足，比如建立 PCI 兼容的基础设施，数据孤立保护区，或者长期持续的监测。ASP 跳出了安全解决方案长期的思维框架，不需要改变网络自身，而积极去适应它。

illumio 平台的发展目标是：减少现有手工操作 90%的复杂度和工作量，减少受攻击作用面，提高信息流的可见度，让整体控制更智能。这些它都做到了，并且报告还显示用户通过该平台对数据进行了更好的挖掘，获取到了更有用的发现。

illumio 公司已宣布下一步开发一种新型的咨询风险诊断工具“攻击作用面设备项目”（Attack Surface Assessment Program，ASAP），主要功能包括：在用户自有的环境中解决 ASP 的问题，展示更多的营销工具等。

**技术**

ASP 由分布式系统组成，其中每个控制器称为策略计算引擎（PCE），每一个客户 OS/工作流级别的代理服务器称为虚拟执行节点（VEN）。对于专有 IP，PCE 分析分布式工作流之间的文本信息，快速生成一个适应性高的大规模策略模型。VEN 代理通过系统属性、连接关系和相互依赖性持续地对工作流分析，并联系上下文进行简要描述，获取系统状态。通过 PCE 联立 VEN，可实现对工作流数据的挖掘，系统级的感知和监视，并可以通过业务规则去计算优化工作流策略。

illumio 公司的客户包括摩根士丹利（Morgan Stanley）Plantronics, Salesforce, NetSuite, King Digital Entertainment 和 Creative Artists Agency。其卖出产品 90%主要部署在这些公司的业务数据中心作为前期采购，后期将逐渐扩充到更高级的复杂系统，开展复杂虚拟数据中心的全面实施。illumio 公司之 SWOT 分析见表 11-1。

表 11-1 illumio 公司之 SWOT 分析

| 优势（Strength，S） | 劣势（Weakness，W） |
|---|---|
| 通过白名单控制层对物理和虚拟企业级数据中心进行管控，着重对动态工作流实施安全管控，提高其可见性和层级清晰度 | 该平台主要是在公共和较复杂的云工作流中对内容采取高级和动态策略进行管控，对大量已部署的、具备很多功能的传统数据中心并没有非常明显的优势 |
| **机遇（Opportunity，O）** | **威胁（Threaten，T）** |
| illumio ASP 平台的核心是授权和分层级的策略管控，现在主要针对分布式虚拟防火墙，未来可指向更广阔的 IT 设施和业务使用案例 | illumio 是一个小型初创的安全解决方案提供厂家，随着市场上 VMware（虚拟机厂家）、思科等广为人知的厂家推出成熟的、面向家用或者面向公众的服务，承受着很大的竞争风向。我们能做的是不断致力于让用户直接体验我们的产品和服务，只有让用户亲眼看到我们可以不断超前为他们的安全考虑，提供周到的防护方案，我们才能向前进步 |

【案例 2】 FireEye 公司

成立于 2004 年，在 2015 年成为业界明星公司，擅长对 APT 攻击的防护。其产品和服务体系包括 APT 检测和防护产品、威胁情报和安全服务（图 11-5）。拳头产品为威胁分析平台（Threat Analytics Platform，TAP），是基于云的处理引擎，主要功能是负责完成数据关联、分析和威胁识别等。

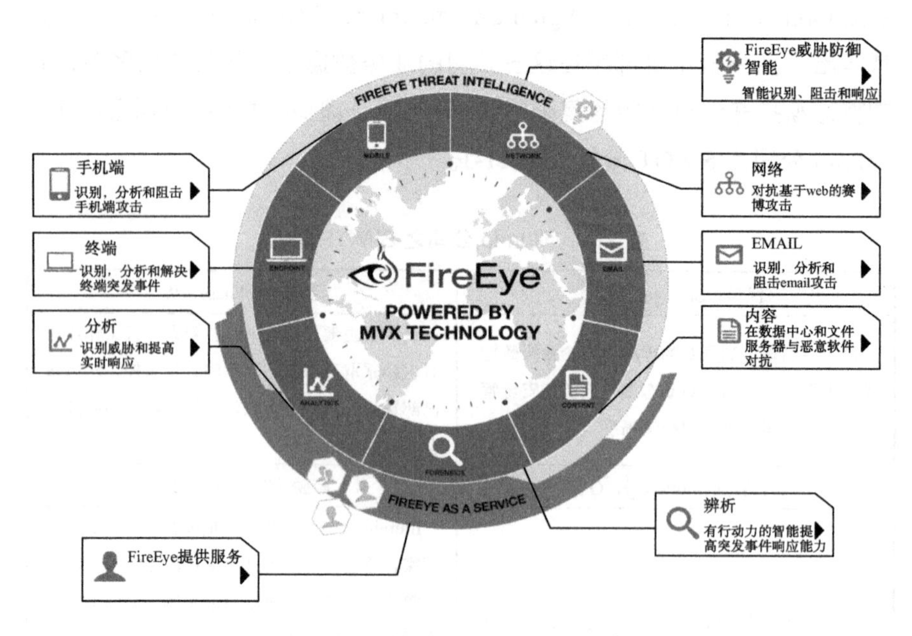


图 11-5 FireEye 公司产品系列

（2）SIEM 产品

SIEM 作为发展已较为成熟的技术产品，在各大安全公司都占据重要地位，并有覆盖完整子系统的分析产品，均在与大数据技术进行整合。2015 年的市场总规模达到 30 亿美元，2014 年市场总规模 16.9 亿美元，比 2013 年的 15 亿美元增长了 12.4%，预计 2016 年将达到 60 亿美元，未来增长趋势迅猛。

图 11-6 是 Gartner 公司制作的 2014 年和 2015 年自适应安全架构市

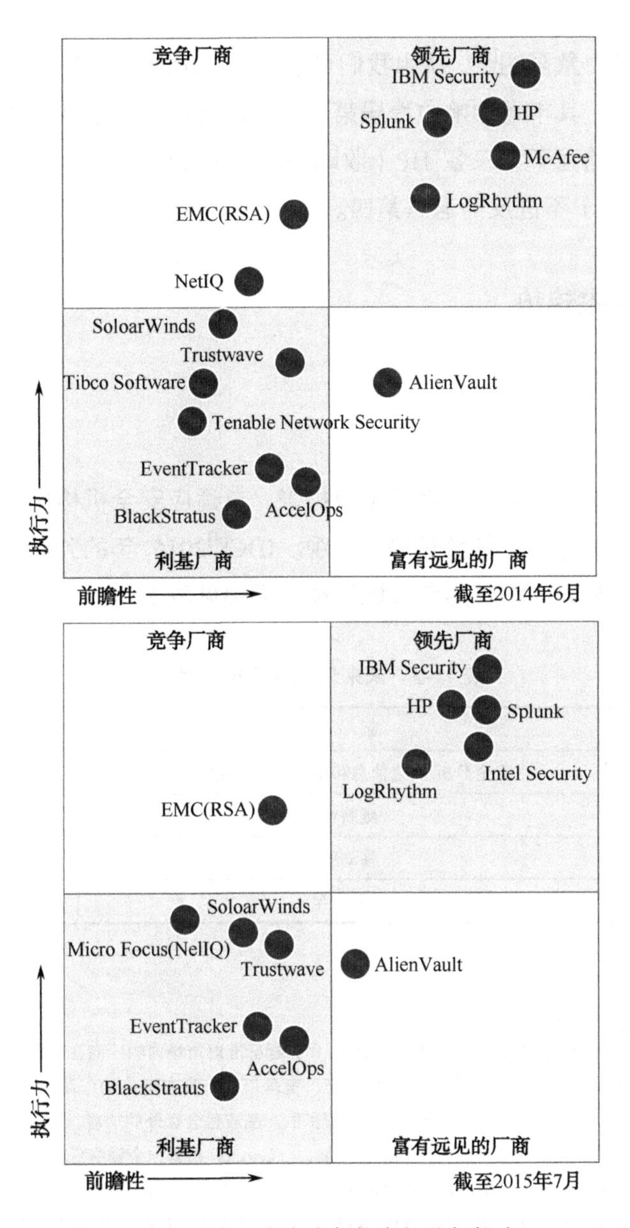


图 11-6　自适应安全架构市场分析报告

场分析的魔力象限图[3]。从中我们可以看到：IBM（收购 Q1 Lab）作为市场领导者，其市场影响力稳居第一，Splunk 异军突起成为第二，其市场影响力也略强于第三名 HP（收购 Arcsight 公司），McAfee（被 Intel security 收购）不进反而退居第四。

## 3. 未来趋势

（1）全球情况预测

伴随全球云计算产业规模迅速扩张，自适应安全机构作为云安全的极佳安全保护方案，其增长势头乐观。IDC[4]2015 年的分析报告认为未来信息安全市场的增长热点领域及预计增幅见表 11-2。

**表 11-2　未来信息安全市场预测**

| 序　　号 | 领　　域 | 预 计 增 幅 |
|---|---|---|
| 1 | 安全分析/安全信息和事件管理（SIEM） | 10% |
| 2 | 威胁情报 | 10% |
| 3 | 移动安全 | 18% |
| 4 | 云安全 | 50% |

[3] 魔力象限（Magic Quadrant）是 Gartner 公司依据标准对市场内的厂商在市场影响力方面所进行的分析。魔力象限的四个象限依次为领导厂商、竞争厂商、富有远见的厂商和利基厂商（Niche Players）。Gartner 公司认为，所谓领导厂商，其提供的产品应包含额外的功能，且能提高市场对这些功能的重要性的认识，从而显示出对市场的影响能力。Gartner 希望一个领导厂商能够不断提高其市场份额、甚至占领整个市场，并且它所提供的解决方案能够引起越来越多企业的共鸣。所谓领导厂商还必须有能力在全球范围内开展销售并提供支持。Gartner 公司并不对在魔力象限中描述的任何厂商、产品或服务出具官方认可，也不建议技术用户只选择那些位于"领导厂商"象限里的厂商。魔力象限仅用作一种研究工具，并不对行动方案作具体指导，也不承担任何明示或默示的担保。

[4] IDC：全球著名的信息技术、电信行业和消费科技市场咨询、顾问和活动服务专业提供商。

安全咨询机构 SSP Blue 公司预测，到 2020 年全球网络安全市场规模将达 1700 亿美元。另有报告则称，预计从 2015 年到 2020 年，全球网络安全市场的复合年增长率(CAGR)将达到 9.8%。

（2）国外情况

**美国**

新兴网络犯罪浪潮因趋利向庞大网络逼近，物联网、金融服务、国家网络安全都是其非常可观的细分市场。

联邦网络安全市场。预计 2015—2020 年，美国联邦网络安全市场规模累计将达到 655 亿美元，复合年增长率预计在 6.2%左右。信息安全产品和服务方面将增加到 110 亿元，复合年增长率为 5.2%。

“过去的一年（2014 年）是攻防惨烈的一年，是安全界的噩梦，防护厂商的滑铁卢，而评测恶势力的存在，让传统安全防护产品难以转型。”

——FireEye 副总裁卜峥

2015 年，摩根大通、美国银行、花旗集团和富国银行，这四大金融机构每年用于网络安全的支出将达到 15 亿美元。预计到 2020 年，其各自用于网络安全的预算约占其金融支出的 15%。

**以色列**

以色列将成为仅次于美国的第二大网络安全产品出口国。报告显示，以色列国内公司去年出口的网络安全产品及相关服务市场规模达到约

60 亿美元，超过了 2014 年以色列国防合同签约总额，预计未来将有 18% 的增速。

**印度**

印度网络安全经济规模偏小，但非常注重网络安全市场发展。印度《经济时报》援引普华永道的数据称，2015 年印度网络安全市场规模将从去年大约 5 亿美元增长到 10 亿美元，增幅度高达 100%。

（3）国内情况

IDC 2015 年分析报告中认为中国信息安全市场规模在 2014 年达到 22.4 亿美元，约合 137 亿元人民币，而到 2019 年将达到 48.22 亿美元，约合 294 亿人民币。2014 年到 2019 年的年复合增长率为 16.6%。然而，在中国信息安全投资占 IT 投资的总比例仅为 1%，作为网络大国，我国在网络安全方面的潜在市场规模非常巨大。

# 第12章

## Chapter 12

# 能源互联网：开启最新一次工业革命

根据一般的经济学知识，人们总是想当然地认为基础设施是充当经济活动基础的静态模块。然而从更深层面上来看，这种看法是错误的。基础设施实际上是通信技术和能源的有机结合，用以开创一种具有活力的经济体系。在这一体系中，通信技术充当中枢神经系统，对经济有机体进行监管、协调和处理；与此同时，能源起到血液的作用，为将自然的馈赠转化为商品和服务这一过程提供养料，从而维持经济的持续运行和繁荣。因此，基础设施就像是一种生命系统，把越来越多的人纳入更为复杂的经济社会中。

——［美］杰里米·里夫金（Jeremy Rifkin）

人类史上每一次工业革命，其产品归结而言是形成了水、气、热、电、交通等新的基础设施，并构建成为复杂系统。传统基础设施重视集中统一，电网就是这种理念的典型产物。近 30 年中，随着人们形成集中统一的发展理念并加入对需求端的重视，催生了大数据、云计算等新技术，将世界从物理端转移至虚拟端。而随着化石燃料的逐渐枯竭及带来的环境污染问题日趋严峻，以化石燃料为能源驱动的工业革命的模式正逐步走向终结。能源互联网作为一种新型能源利用体系，以新能源技术和信息技术的深入结合为突出特征，将为世界带来从虚拟到物理逆向转变的实现途径，形成虚拟和物理实体相互的映射和控制。在这个由能源驱动的世界，这样的转变将给人类社会经济发展模式与生活方式带来怎样的深远影响？学界、工业界、商界争相关注，竞争激烈，但他们都有一个统一的共识——能源互联网是开启最新一次工业革命的核心技术。

## 01 Section 什么是能源互联网

（1）概念及提出背景

能源互联网（Energy Internet，Internet of Energy ）以互联网技术为核心，以能源配送网为基础，以大规模可再生能源和分布式能源为主要接入，实现信息技术与能源基础设施融合，通过能源管理系统对接入能源基础设施实施广域优化协调控制，从而实现冷、热、气、水、电等多种能源优化互补，提高能量使用效率。能源互联网这样的新型能源体系赋予能源以信息一样的属性，在网络中可以自由地接入、分享和调度分配。之所以在形式多种多样的能源中优先选择考虑电网的互联问题，是因为电网与互联网在基本条件上有高度的相似，一是在架构上基础设施网络化程度高，二是其对人类生活的影响深刻，其市场规模和投资空间很大。特别是近年来环境问题和化石能源使用的成本问题，非化石能源的转化利用方式（主要是电能）受到空前的重视。随着技术进步，在能源消费端，智慧城市、电动汽车、“互联网+”等技术发展势头迅猛，电能作为主力能源的地位日益巩固、独占鳌头。因此，能源互联网在某种意义上也就成为了电力互联互通和信息技术融合的代名词。

能源互联网集通信、网络、控制特征于一身。通过赋予能量以信息的属性，其让能量交换如信息通信般迅捷高效；让能量在网络中形成平等自由流动、自我调节机制；让能量的控制精准化。从技术、系统、设施的角度看，则是“信息基础能源基础”设施的一体化。图 12-1 为美国赛博物理系统（CPS）能源互联网全景图。

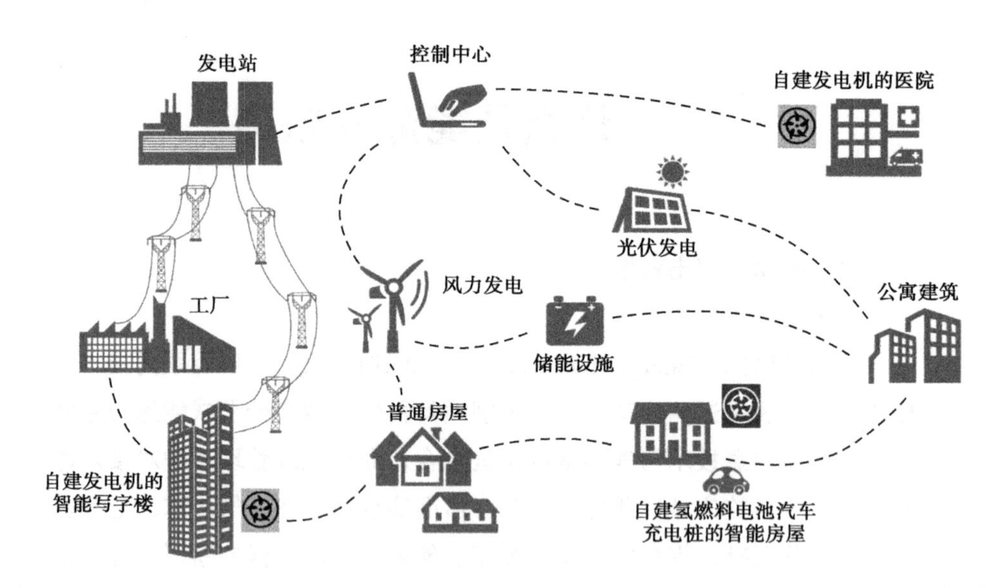


图 12-1　美国赛博物理系统（CPS）能源互联网

发达国家提出了很多含义隽永的创新概念或者“概念伞”[1]，并用其凝聚全社会各方面力量，共同参与全球性竞争。可以看出，一个创新的“概念伞”都具备经得起推敲、经得起拓延、能让更多人受益的特点。能源互联网的概念也遵循着这样的规律。最初由美国于 2008 年提出，旨在通过智能分析和电力电子技术，对分布式能源系统实现更高效的控制交互。当这个概念进入全球各大电力市场之后，赢得了更多产业关注和技术融合，中国作为能源大国，在该概念的定义、架构、组成和主要功

[1] 高度概括和抽象的词汇表达某些宏观概念，它们代表将表面分立的活动或者业务连接成密不可分的整体的共同特征。例如，夏普公司创造的“optoelectronics”（光电子），马自达创造的“rotary engine”（转子发动机）。

能上进行了更深更广的扩充和深化。

立足于国内能源市场环境，研究领域形成了三点现实认识，一是目前经济和环保的双重压力使得新能源的发展势不可挡。二是新能源技术的发展已经到了一个拐点，需要颠覆性模式助推其正增长发展。三是电力的市场化带动能源的市场化，互联网与能源密不可分的关系已然成为现实。认真分析电力系统所面对的挑战，主要体现在可再生能源的快速发展对传统能源体系造成的强大冲击，电网电力资产损失巨大、维护高昂，电力峰谷矛盾凸出，可靠性、节能环保要求不断提高等。此外，中国电改“放开两头、管住中间，大力支持分布式发展”的政策千呼万唤始出来，为我国能源互联网发展释放出的最大制度红利，使得能源产业界、IT 界对能源互联网的关注热度空前高涨。

（2）国外情况

能源互联网这一概念与智能电网概念在发达国家齐头并进。两者的主要区别在于，智能电网是现有电网架构下的信息化、智能化，属于第三代电网；而能源互联网是借鉴互联网理念构架的以电力为中心的多能源结构网，具备开放互联、能量交换与路由、关注商业模式和用户服务四大特征，属于新一代能源系统，其中“互联”是最重要的关键词。

**美国**

在 2008 年提出了能源互联网的概念，由美国国家科学基金（NSF）资助，成立了未来可再生能源传输与管理系统中心（FREEDM），位于北卡州立大学，该中心旨在推进电力系统与电力电子技术、信息技术的深度融合，重点利用功率电子技术来解决分布式可再生能源的接入问题，实现分布对等的系统控制与交互，通过云计算和大数据的智能分析，在未来配电网层面实践能源互联网的设想。美国在软件技术、互联网和大数据技术方面无论是技术还是人才都有雄厚基础，且占据全球优势地位，加之政府所营造的自由优越的创新环境，极客和创客积极参与，美国在新能源上已悄然进入了新硬件时代。

### 欧洲

欧洲的能源互联网的代表项目是 E-Energy，其设想是加强信息通信技术（ICT）的融合，建立一个具备深度感知、自调节功能的智能化的未来能源系统。该项目的主要实践国为德国，其于 2008 年在智能电网的基础上选择了 6 个试点地区，开展为期 4 年的 E-Energy 技术创新激励计划。

### 日本

日本的能源互联网代表项目由日本数字电网联盟提出，其主旨是通过“电力路由器”的设置，使得电能可根据网内情况自动选择输、配的最佳路径，从而形成分布式电能发、输、配、送的全局优化调度控制。

## 02 Section 能源互联网的实施及特点

根据信息技术和能源技术融合的深度，国内研究将能源互联网的发展分为三个阶段：智能电网 2.0、能源广域网、能源互联网。业界普遍认识到在大电网为主干网的发展大背景下，分布式能源将日益重要，微网、中小型分布式网络之间及其内部的能量消纳、储能、汇聚和分享都将逐渐成为未来网络的关键问题。目前美国的 FREEDM、Stem；德国的 E-Energy、Green Packet；澳大利亚的 Powershop；国内的远景能源、华为、国电南瑞等都已经在智能电网 2.0 和能源广域网两个阶段的发展开展探索。

宏观层面，能源互联网的实施需要构建一个让能源能够最低成本的，没有条块分割可充分互动的能源流网络和市场，这主要需要政府解决资源调控和体制壁垒问题。

微观层面，其实施需要构建一个能源信息能够充分流通的一套标准或者信息体系，这主要需要领域内相关科研机构高校以及产业界携手共同研究。

## 03 Section 能源互联网是产业升级还是一场人类能源利用方式的革命

未来电网体系将向市场向导、服务化、分布式与集中相结合、动态、开放这几个特征发展，能源消费终端将越来越多元与智能，自然垄断环节规模将大幅缩减，竞争环境将日趋充分透明。

能源互联网作为一种新技术将催生出新的经济形态，其改造的逻辑是互联网思维占主导的能源革命，还是电网思维占主导的产业升级?

（1）电网思维

中央及国务院新出台的〔2015〕9 号文中明确指出，此轮电改的根本目标是管住自然垄断的输配电环节。正是因为长久以来一涉及能源利用就是习惯性用垄断思维的旧习，参与者依旧是能源寡头，所设计的发展规划或者项目设想无论多庞大多宏观都沿用着第二次工业革命规模效应与科学分工的逻辑，例如，欧洲设计的撒哈拉沙漠光伏计划。如果继续用电网思维来发展能源互联网，只不过是在物理层面的升级，很难对人类发展模式经济生产模式产生革命性的再造。

（2）互联网思维

宣扬的是个体的自由参与，通过在开放平台生产和消费内容，打破信息不均衡的体系生态。用互联网思维来考虑能源体系的发展，本质上说是一条能源发展的“群众路线”，这样的思维逻辑显然与以往区别明显。在现有的技术条件和产业发展趋势下，不仅可再生能源，连核能都欲朝分布式、小型化发展，典型的互联网企业谷歌、IBM 等都在积极介入试图在资本雄厚的能源市场分一杯羹。不仅仅是因为能源体系网络化程度较高，更是看到了清洁能源与互联网终端在抽象层上有着极高的相似性，大数据和云计算等功能对清洁能源微网的混沌和潮涌不稳定性等问题正是非常有效的解决方案。归结而言，能源革命需要大众思维和开放机制，才有可能颠覆寡头垄断格局，产生一股全面且富有推动力的改革源泉，为经济发展和人类生产方式带来新动力，同时为生态环境治理赋予新契机，这对人类的可持续发展无疑是一项双赢的强力方案。

# 04 Section 能源互联网的发展优势

能源互联网的企业竞争情境可以分为三种：一是硬件进化，二是软件革命，两者主要是 IT 企业和能源企业深入融合，三是互联网竞争，主要是融入互联网商业模式，深化用户参与。纵观每种竞争情境，国内发展能源互联网都具备显著的优势。

（1）优势一：产业链完整

在电网“发输配用”全链条生产中，每个环节的智能化发展都有许多走在国际前列的重点公司，例如，国家电网南瑞公司、远景能源、华为、金智公司，等等，详细如图 12-2 所示。

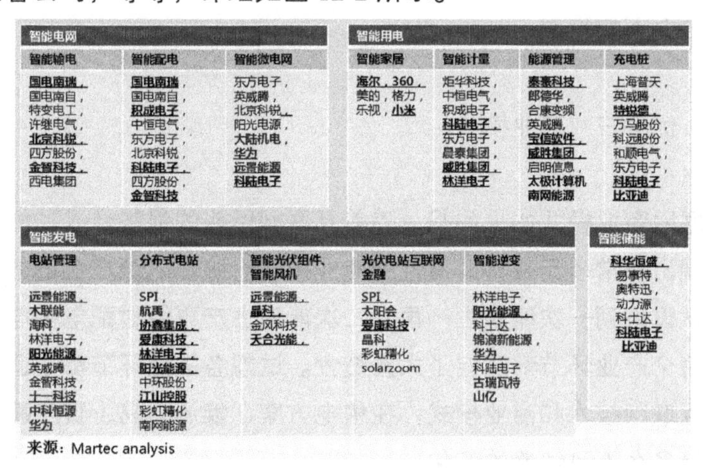


图 12-2　国内能源互联网产业链企业

尤其是在能量管理平台、微网管理方案方面，国际市场份额占比较高。国内远景能源的云管理平台可实现全生命周期新能源资产管控，在全球管理着超过20GW的新能源资产，其智慧风场Wind OSTM平台和“阿波罗”光伏OSTM平台已成为了全球新能源行业的操作系统。华为的微网管理方案可提供多种供电系统的KPI统计数据，实时调控供电均衡和设备运行状态。协鑫的微网管理方案采用六位一体能源集中管理和交易平台，可实现零煤耗发电、减少80%污染物排放和40%能源消耗以及降低40%能源投资。

（2）优势二：改革红利

电力体制改革为能源互联网释放了丰富商机。一方面，新电改方案为微电网发展释放了巨大红利，分布式新能源的接入不再局限于单个用户，储能、新能源汽车充电可以在全网范围内调配售出。另一方面，未来电力系统的售电侧将形成市场化售电机制。售电、用电、发电用户能以B2B、O2O以及更多模式运营，用户负荷曲线将得到自主协调，能源利用效率会大幅提高。

（3）优势三：商业模式

互联网商业模式如火如荼，随着互联网巨头的强势介入，能源互联网会涌现出非常多元或具颠覆性的商业模式。鉴于能源产业链条长、环节多，从设备到一次能源生产再到二次能源生产再经过配电售电最终到消费，每个产业环节都沉淀了大量资金。试想各关键环节都在适当的程度融合互联网技术和商业模式，在售电方案、能源交易、资产配置等方面将会是多么不可估量的变化。

# 05 Section 发展前景

未来 3～5 年内能源互联网在产业上的推进被推测主要处于试点和示范工程阶段，随着国家正在制定相应的行动计划，在国家层面从顶层设计能源互联的标准、机制、监管体制正在进行中。更重要的是营造开放的竞争环境，从技术、应用、商业模式、体制机制等多个层面鼓励开放式的竞争与合作，努力促进开源技术，建立开放标准，发展开放平台，形成开放生态，自底向上发展。

能源互联网在多方面有着高价值的应用前景。

## 1. 大数据应用场景（图 12-3）

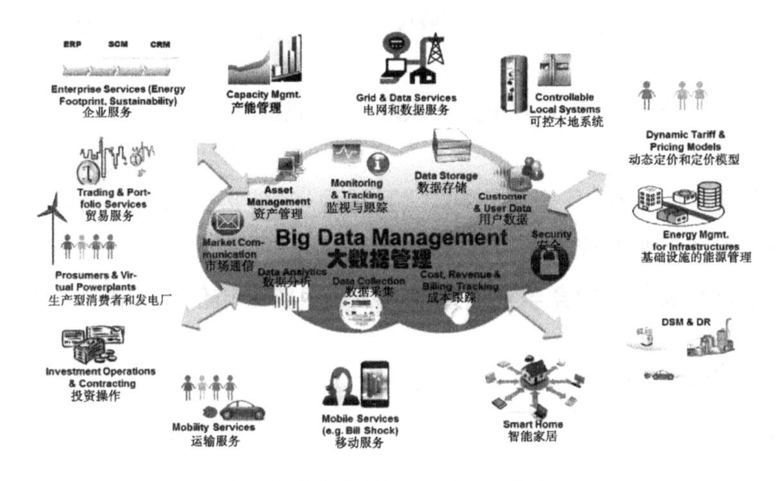


图 12-3　大数据在能源互联网中的应用场景

能源的全域互联网化将产生巨量数据，而且数据既有独立性又有相关性。用数据挖掘提升负荷预测能力，用机器学习、模式识别把握新能源输出功率与关联因素的关系从而提升新能源调度管理能力，用聚类模型实现用户行为分析，从用户习惯数据分析结果出发提供效能建议，完成定价，这些功能都将对电力系统从规划、运行、检修、营销到用电的各个方面带来不可估量的变革。

## 2. 能源互联网同其他系统的融合（图 12-4）

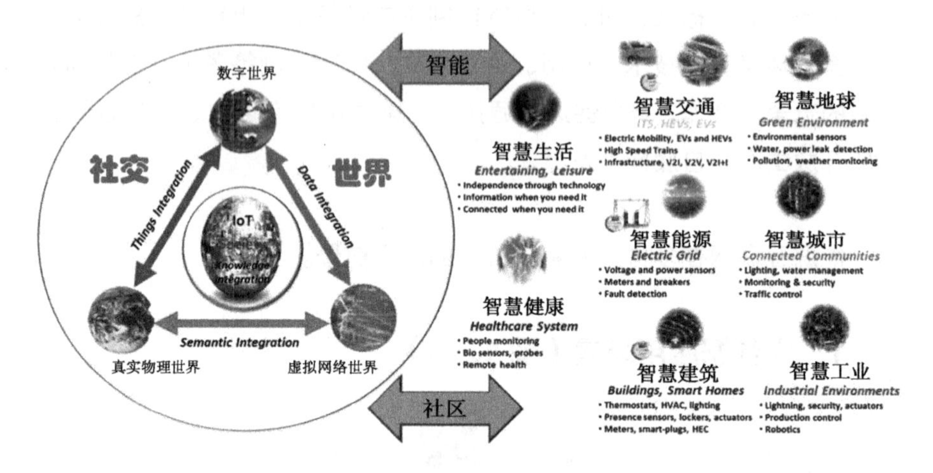


图 12-4　能源互联网同其他系统的融合

随着“互联网+”风生水起，“互联网+”能源的火种从传统能源企业到互联网企业形成了一片燎原之势。两大电网[2]和五大电力集团[3]与 BAT 在新能源市场的竞争精彩纷呈。虽然目前就市值和产值能源寡头们

[2] 国家电网与南方电网。

[3] 中国华能、中国大唐、中国华电、中国国电、中国电力投资集团公司。

比 BAT 庞大太多，但互联网企业们白手起家的成长经验以及市场灵敏度，已经为能源寡头们上了太重要的一课。除智能手机外，智能建筑、智能交通将成为能源互联网最重要的终端资源。

（1）能源互联网+工业互联网

工业互联网时代的智能工厂将同供应商、分销商、服务伙伴及消费者无缝互联，利用分布式能源、精细化按需供能来实现分布式生产和按需定制化生产，形成一个能够共同进化的生态系统。

（2）能源互联网+交通互联网

利用大数据在交通规划和管理中发挥作用，让电动汽车能源管理系统同车辆控制和管理系统相结合，分布式能源同电动充电网络进行融合优化，电动汽车可作为移动储能单元积极参与能源互联网中的需求侧管理和服务。

（3）能源互联网+楼宇互联网/智能家居互联网

楼宇联网既有分布式光伏、地源热泵、BIPV 这样的能源生产单元，又有需要能效、安全和服务的消费单元，通过与能源互联网的深度融合，可以让楼宇成为能源生产基地和智能用能终端，实现环保而高效的能源局域网。在楼宇内部，家庭能源管理 HEMS 系统是能源互联网中的基本单元，包括太阳能、EV 电动车、各种家电这些消耗端以及与微网之间协调平衡的调控机制。将大数据分析应用至家用电器深度控制、用电习惯、楼宇或社区平衡，是自下而上发展能源互联网的开始。

正是能源互联网广阔的市场前景，吸引了能源企业之外众多 IT 企业关注的目光，它们是野蛮人还是合作者？如何在切中人类经济发展最要紧命脉的基础上掀起一场新革命，我们需要密切关注。

# 第13章

Chapter 13

# 无线输电：一项让距离消失的技术

信息技术不断跃升，让各类智能设备承担的功能越来越多，随时充电也就成了一个无法逾越的问题。其实早在 100 多年前，人们就已进行设想过像现在我们连接 WiFi 信号一样来搜索到电源信号，然后隔空任意取电。一直以来这方面的努力从没有停止，但是现在这种隔空取电的设想也许就要成为现实。2016 年 4 月，特斯拉宣布旗下 ModelS 后轮驱动版车型将实现无线充电。另有消息称，iPhone7 可以实现用户在最远 15 英尺（合 4.57 米）处实现无线充电，这就意味着无线充电空间自由度已达到数米，对于该技术而言这将是里程碑式的进步。

## 01 Section 无线输电技术发展历程

### 1. 无线输电概念的提出

无线输电技术是由历史上最伟大的科学家之一尼古拉·特斯拉（Nikola Tesla）提出的一种利用无线电技术传输电能的技术。他在 1905 年发表的文章中写道：在人类的所有征服活动以及建立世界和平秩序过程中最想要的、最有用的是距离的完全消失。这是他矢志一生所追求的目标。而实现这一目标的三个关键技术：信息传播、交通运输和电力传输，特斯拉均做出了非凡成就。他不仅是交流电的发明者，而且在磁学和工程学的成就突出，另外在人工智能、核子物理和理论物理等各种领域都有贡献，甚至我们当前使用的互联网都有特斯拉的贡献。

在 J. P.摩根的资助下，特斯拉在 1891 年开始试验无线输电技术，通过磁感应耦合原理成功地用无线传输方式点亮了一只灯泡，并在纽约长岛建造大型高压线圈——沃登克里弗塔（图 13-1），又称特斯拉塔，目标是构建全球输电系统原型。尽管后来因资金问题项目被迫停止，但是该塔至今仍存在该岛上，昭示未来。

图 13-1　1904 年的沃登克里弗塔

## 2. 无线输电的突破性进展

无线输电技术真正取得实质性进展是 21 世纪以后，由于无线通信应用领域取得跨越式进展，对输电充电技术提出了实际应用的迫切需求，从而也推动了无线输电技术和应用方面的重大突破。

在 2001 年 5 月召开的国际无线电力传输技术会议上，法国国家科学研究中心的皮格努莱特（G. Pignolet）演示了利用微波无线传输电能点亮 40 米外的一个 200 瓦灯泡。该中心于 2003 年建成了 10 千瓦的试验用微波输电装置。

在2007年6月7日的《Science》在线版《ScienceExpress》上公布了麻省理工学院马林·索尔贾希克为首的研究团队试制出的无线供电装置，可以点亮相隔7英尺（约2.1米）远的60瓦电灯泡。这一研究成果在无线输电领域引发极大关注。

2010年以后，无线输电进入实质性应用阶段，在消费电子、电动汽车、智能家居、智能穿戴等应用领域取得实质性进展。比较有代表性的包括:

- 2014年4月，Ossia公司Cota技术取得了新突破，可在12米外给智能手机实现全方向充电。
- 2014年11月，WiTricity公司的磁共振技术充电距离达到2.4米，可同时为多个设备远距离充电，入选《时代》年度最优秀25项发明。
- 2015年11月，Energous公司发表RF to DC整流器IC概念样本，供应小型穿戴式装置和物联网装置的电力，可支援10瓦、4.57米无线充电。
- 2016年3月，华盛顿大学研发出“Passive WiFi”技术，可连接到30米外的WiFi设备上，被《麻省理工科技评论评为“2016十大科技突破”。
- 2016年4月，特斯拉无线充电装置“免插充电系统”开始发售。该装置可用于所有特斯拉品牌车型。充电效率上相当于7.2千瓦二级线圈式充电桩，每充电一小时可支持电动车续航20英里（32千米）。此外，用于四驱D车型的无线充电装置也很快将上市。

# 02 Section 无线输电基本技术原理

## 1. 基于电磁感应的短距离传输技术

感应耦合电力传输技术（Inductively Coupled Power Transmission，ICPT）是一种以电磁感应为基础的无线电能传输模式，图 13-2 是感应耦合电力传输技术原理图。这种无线输电技术的特点是传输功率大，能达千瓦级别，在极近距离内效率很高，但传输效率会随传输距离增加和接收端位置变化而显著减小，所以该技术一般用于厘米级的短距离传输。目前主流无线输电应用，包括手机、电动汽车等均采用这种技术。这种技术主要采用的是由 WPC 制定的 Qi 标准，是目前最受欢迎的充电标准。

## 2. 基于磁共振耦合的中距离传输技术

中程无线输电方式是以电磁波“射频”或者非辐射性谐振“磁耦合”等形式将电能进行传输。它基于电磁共振耦合原理，利用非辐射磁场实现电力高效传输。具体而言，这种无线输电装置由两个线圈构成，各自形成一个独立的自振系统，振荡器产生的高频振荡电流通过发射线圈向外发射电磁波，形成一个小型的非辐射磁场，从而实现将电能转化为磁场（图 13-3）。这种技术主要采用 A4WP 制定的 AirFuel（由 PMA 和 A4WP 合并）标准。目前智能家居解决方案一般基于这一原理。

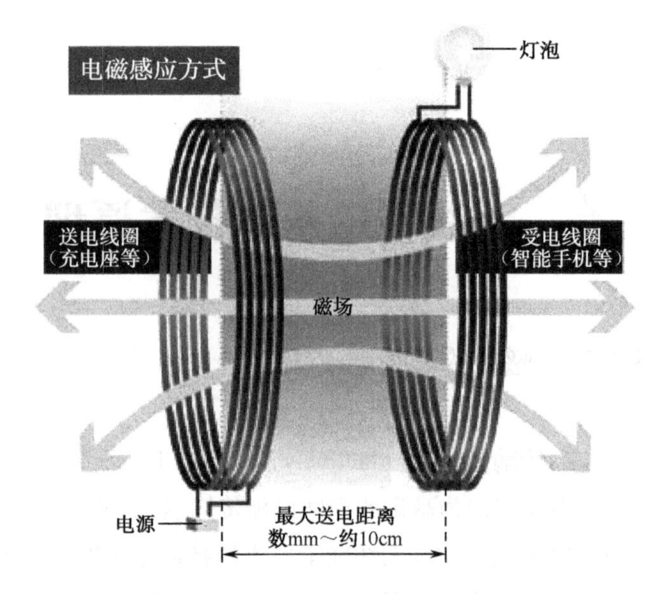


图 13-2　感应耦合电力传输技术原理图

磁共振方式由能量发送装置，和能量接收装置组成，当两个装置调整到相同频率，或者说在一个特定的频率上共振，它们就可以交换彼此的能量。

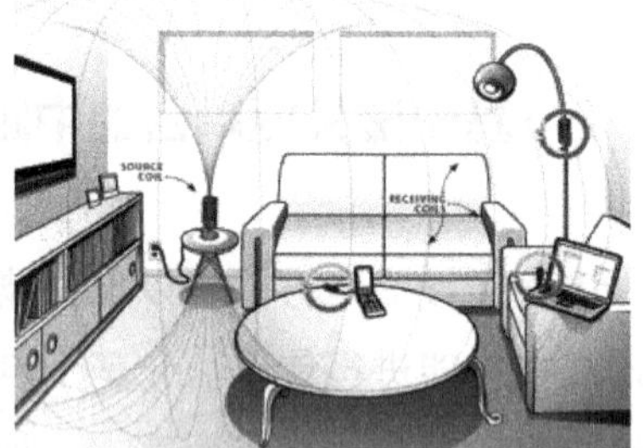

图 13-3　利用电磁共振实现无线输电方案

## 3. 基于微波的长距离传输技术

微波电能传输技术（Microwave Power Transmission，MPT）也是要

利用能量转换原理来实现，首先利用能量转换装置把电能转换为微波，然后再通过发射天线定向发射出去，由接收装置获取微波，从而完成电能的转换和传输。这种传输技术的优点在于功率大、距离长、容量大。缺点是传输要求发射器必须对准接收器，受到严格的方向性限制，并且易受大气等周围介质的影响导致衰减较大。利用这种方式可以实现将空间太阳能电站的能量传回到地球，还可以利用这种方式为平流层飞艇和轨道卫星提供电力等。

## 03 Section　无线输电主要应用领域

### 1. 便携通信

目前推动无线输电技术发展最强劲的动力来自于手机、iPad、MP3、数字照相机以及笔记本电脑等便携通信产品领域。目前不少高科技公司都在该领域进行投入，试图取得突破性进展。例如，Power Cast 公司利用匹兹堡大学研制的无源型 RFID 技术，开发了一种电波接收型能量存储设备。Splash Power 公司则通过改进 ICPT 技术研制了用于给手机电能供应的平台，取得了重大突破。中国目前在这方面主要是应用解决方案，影响较大的是香港地区的香港城市大学的许树源教授团队，基于多年努力，提出了多种便携式通信装置的电能供应平台解决方案。

### 2. 交通运输

交通运输是无线输电应用最广泛的行业之一，主要采用 ICPT 短距离充电技术。其中最典型的解决方案是在路面上安装电能发射装置，车辆底盘配备接收器，这样当车辆开到相应路面的时候，就可以接收发射装置发射的电磁波，完成充电。根据这一原理，有人提出了宏大的设想，如果将高速公路或城市主干道全部铺设这种电能发射装置，那么车辆在行进中就可以完成充电（图 13-4）。目前我国成都地区已经在这方面尝试应用，部分公交线路实现了这种形式的无线充电。

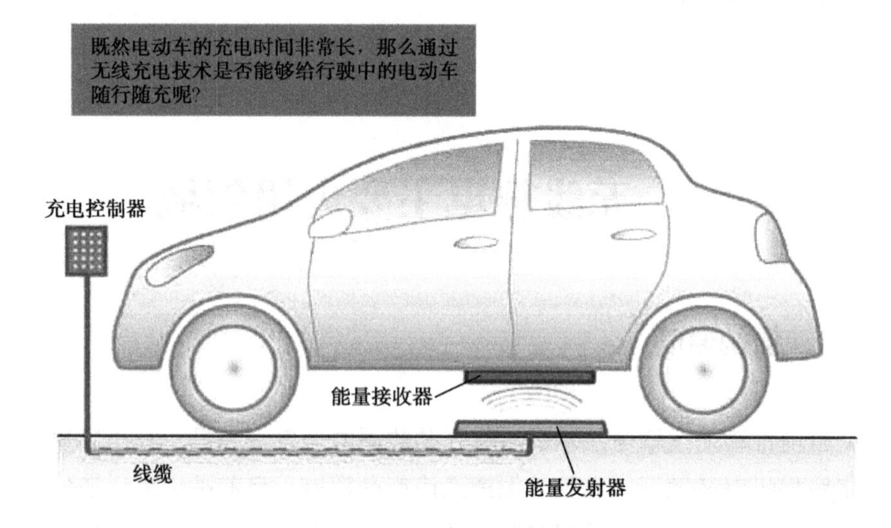


图 13-4　无线充电汽车原理图

## 3. 医疗器械

医疗器械供电是无线输电的又一重要领域，例如，对植入人体的医疗器械如心脏起搏器充电，对下肢麻痹的人进行肌肉刺激，神经系统的医疗刺激、镇痛，等等。图 13-5 是斯坦福大学的无线充电心脏起搏器。医疗器械无线充电主要通过 ICPT 和 RFPT（Radio Frequency Power Transmission）方式。首先人体外面有个一个线圈，人体内再植入一个对应的小微线圈，两者之间形成感应耦合效应，实现电力传输。

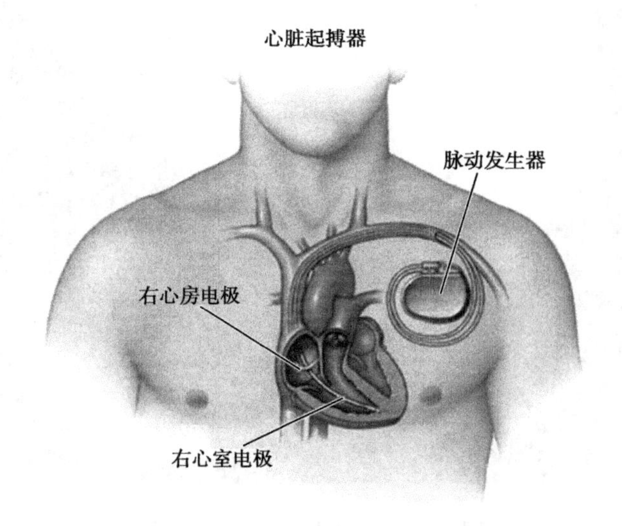


图 13-5　斯坦福大学的无线充电心脏起搏器

## 4. 航空航天

电力输送也是航空航天领域不可逾越的难题，除了为航天器自身提供电力以外，利用空间太阳能发电造福人类也是一个重要的应用发展方向。20 世纪 60 年代末，美国航天工程师彼得 • 格拉泽（Peter Glaser）提出了空间太阳能发电概念（图 13-6）。目前通过卫星发射在太空建设太阳能发电装置在技术上不存在障碍，但是这种能源如何传输到地面成了瓶颈问题。无线电力传输将是解决这一难题的重要发展方向，届时宇宙中巨大的能源不断输送到地球，那么人类摆脱石化能源及其污染问题指日可待。

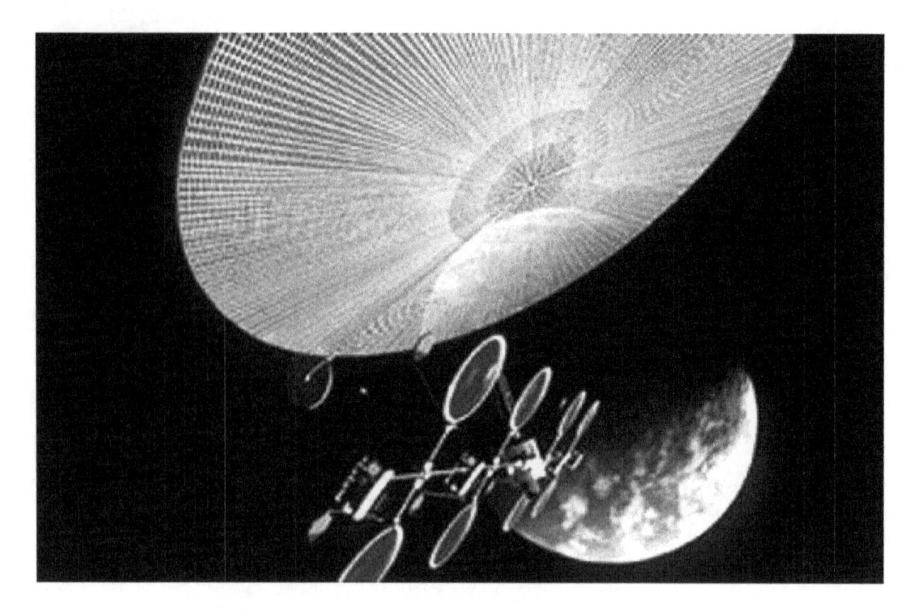

图 13-6　空间太阳能电站的示意图

## 5. 水下探测

无线输电另一个重点应用方向之一便是水下探测。在这个方面，美国 WITRICITY 公司进行了相关研究。无人潜航器（UUV）是美国海军探测的重点发展领域，但是电力问题也是困扰该技术突破的一大难题。目前美国海军正在尝试利用水下无线充电设备，从而实现在水下直接充电。一旦实现，不仅可以大幅缩短无人潜航器两次任务的时间间隔，提高无人潜航器部署率，甚至可以实现长期水下值守。

## 6. 智能家居

近几年，家庭物联网、智能家居等新概念受到越来越多关注，也无疑给用电带来巨大压力，如果家中遍布蜘蛛网一样的电线，不仅影响美观，而且暗藏安全隐患。无线输电将是解决智能家居的一个关键要素，“无尾”设备将成为家用智能设备的主流。目前 Powercast 公司就已经开发出能够把无线电波转变为直流电的接收设备，能够在近 1 米距离内给多个电子设备供电。

## 04 Section 无线输电发展趋势

### 1. 市场潜力巨大

IHS 预测，无线充电市场预计将从 2015 年的 17 亿美元增加到 2019 年的 110 亿美元，4 年里的 CAGR 接近 60%，渗透率有望从 7%增加到 60%。IDC 预计，2018 年无线充电发射器和接收器的市场规模将分别达到 5.5 亿美元与 16.6 亿美元。

### 2. 标准呈现统一趋势

在消费电子领域主要有三大无线充电标准：Qi、A4WP 以及 PMA，后两者在 2015 年 1 月已经合并成为 AirFuel。无线充电市场标准目前已经变成了 Qi 和 AirFuel 的竞争。

Qi 标准目前占据市场主流地位，普及率最高，手机厂商大量采用，成员包括微软、松下、三星、索尼、东芝、LG，宜家的家具也基于该标准。AirFuel 技术穿透性比 Qi 强，目前成员囊括 Intel、博通、高通、三星、星巴克、麦当劳和 AT&T 等 170 家成员企业。

### 3. 成本正在降低

无线充电模组约占智能手机整机价格的比例接近15%，各环节成本有望快速下降：5瓦的无线充电Qi标准的单模装置整体成本在2.2美元左右，单个线圈的成本价格已经低于0.8美元。电动汽车无线充电模块成本高昂：无线充电停车点前期建设成本是有线电桩的4～5倍；电动汽车加装无线充电模块的费用在1.5万元以上，而商用车的费用高达10万元。无线充电停车点相比于有线充电桩具有后期维护成本低、安全、空间利用率高的优点，或将部分对冲其短期成本高的缺点。

### 4. 转化效率提升

有线充电的效率约为93%，目前无线充电设备的效率在75%～90%（如果低于70%，发热会较明显）；充电距离、角度、环境温度都会影响转换效率。2014年高通推出了基础电磁共振的无线充电技术，实现90%的充电效率；Powermat公司称其非接触式充电系统的电力传输效率可达93%。

### 5. 充电距离延长

WiTricity由美国MIT发明。原理是通过磁场共振的方式来实现无线供电，最远距离达到了2.4米，可以同时为多个设备远距离充电。Ossia公司研发出的Cota无线充电器可以实现10米距离全方向传输的无线充电；华盛顿大学研究人员实现了名为“Passive WiFi”的8.5米超低功耗无线输电；苹果拟与Energous合作，未来为iPhone带来一项名为WattUp的新技术，可让电子设备在15英尺（大约4.57米）距离内实现无线充电。

## 6. 中国无线输电核心技术仍待突破

从政策层面，国家能源局组织编制并印发的《能源技术革命创新行动计划（2016—2030 年）》提出，到 2020 年突破电动汽车无线充电技术，以电动汽车无线充电为突破点和应用对象，研发高效率、低成本的无线电能传输系统。上海市率先出台了《上海市鼓励电动汽车充换电设施发展扶持办法》，对无线充电等新技术，对设备投资给予 30%的财政资金补贴。许多地方政府也都在研究无线传输技术的支持政策。“大功率无线充电技术”项目还进入了“863 计划”新能源汽车项目指南。这些支持政策，将有效地推动我国在无线电力传输技术及应用取得重大进展。

不可否认的是，从技术研究层面看，我国在无线电力传输技术方面起步晚、基础薄弱，学术界真正开始关注无线电力传输也是 2000 年以后的事情。2001 年西安石油学院李宏教授发表了一篇关于感应电能传输的综述性文章，标志着我国电力研究领域开始关注无线电力传输技术。目前在这方面开展理论和应用研究的包括中科院电工所、四川大学、重庆大学、电子科技大学、航天科技集团等。例如，重庆大学自动化学院与新西兰奥克兰大学合作，建立了完善的理论体系，成功研制了非接触电能传输装置，在 2007 年就实现了 600 ~ 1000 瓦的电力传输，传输效率达到了 70%，而且可以为多个设备同时供电。

在应用层面，我国热情较高。2015 年 6 月，中兴通讯公司联合国内知名高校科研院所和企业成立了“大功率无线输电产业联盟”，意在推进产业协同发展。目前我国在无线充电技术取得进展的相关科技公司，都将重心放在技术解决方案方面，大部分真正的核心无线充电技术并不在我国，比如芯片，目前市场上主导的依然是 TI（德州仪器）、高通、IDT 等欧美大型公司。我国企业提出的都是应用性解决方案，通过采购这些国外企业的芯片，然后开发出低成本替代方案，尽快抢占应用市场。

总而言之，无线充电上游环节主要包括芯片、磁性材料、传输线圈、电阻电容、PCB、模组制造等。其中电源芯片、磁性材料以及传输线圈的技术含量和产品附加值都相对较高，是无线充电产品最为关键的三大零部件，技术壁垒较高。而模组封装环节技术壁垒偏低，也是目前国内企业进入最多的领域。面对这种情况，我们不得不担心，中国企业是否会重走计算机电子技术的老路，太过于关注市场而忽略了核心技术竞争力的培养。前期抢占市场，但由于始终无法拥有芯片等核心技术，最终成为了国外企业的代工厂，无奈地在产业链价值链末端挣扎。因此，从战略层面平衡好市场和核心技术的关系，对于我国未来无线输电技术发展将具有重要意义。

# 第 14 章

## Chapter 14

## 拓展人类生存空间的新能源——海洋能

能源是重要的基础资源，有人把能源比作工业的粮食。就像人不能不吃饭一样，工业，乃至整个人类的发展离不开能源。能源指可产生各种能量（如热量、电能、光能和机械能等）或可做功的物质的统称，包括煤炭、原油、天然气、煤层气、水能、核能、风能、太阳能、地热能、生物质能等一次能源和电力、热力、成品油等二次能源，以及其他新能源和可再生能源。

然而，随着人口的快速增长和人均能耗的提高，世界能源消费量增长迅猛，已经超出了自然界可承受的范围。悲观预计，按照目前我国对化石能源的开发程度，年产煤炭约 13 亿吨，剩余可开采量可维持 90 年左右；石油稳定年产 1.6 亿吨，剩余可采 15 年左右；天然气可维持 50 年左右。2020 年我国将存在至少 5 亿～6 亿吨标准煤的巨大能源缺口。弥补能源缺口还要考虑能源的安全性。1986 年苏联切尔诺贝利核电站爆炸，2011 年日本福岛核电站核泄漏，给生态环境带来巨大破坏，向人类敲响了警钟。那么，有没有一种可持续利用，能够满足这种能源缺口的清洁能源？目前，海洋能是其中的一种选择。

## 01 Section 海洋能概念及其特点

通常海洋能是指蕴藏在海水中的可再生能源，海洋通过各种物理过程接收、储存和散发能量。这些能量包括：潮汐能、波浪能、海洋温差能、海洋盐差能和海流能（潮流能）等，更广义的海洋能源还包括海洋上空的风能、海洋表面的太阳能以及海洋生物质能[1]等。

海洋能与其他能源相比具有以下特点：

## 1. 可再生性

海洋能源中的潮汐能和潮流能来源于太阳和月亮对地球的引力变化，其他均源于太阳辐射。例如，太阳辐射导致不同地区温度不同，产生了风，而风吹向大海产生波浪，也就产生了波浪能。因此，海洋能具有可再生性，只要太阳、月亮还在，这种能源就会再生，而且这种再生过程十分迅速，取之不尽，用之不竭。

## 2. 总量大

地球上各种海洋能的蕴藏量非常巨大，据估计有 780 多亿千瓦，其中波浪能 700 亿千瓦，潮汐能 30 亿千瓦，温度差能 20 亿千瓦，海流能 10 亿千瓦，盐度差能 10 亿千瓦。如果再算上海上风能、太阳能，总量更为可观。单说海流的动能就已经很大，著名的佛罗里达洋流所具有的动能，约为全球所有河流具有的总能量的 50 倍。在我国，潮汐能资源十分丰富，理论蕴藏量达 1.1 亿千瓦，可开发利用量约 2100 万千瓦。

---

[1] 生物质能：就是太阳能以化学能形式储存在生物质中的能量形式，即以生物质为载体的能量。

### 3. 能源密度低、开发难度大

虽然海洋能总量巨大，但是分布到广袤的海洋上，导致能源密度低，开发利用难度大。再加上海洋远离城市中心，存在能源储存和输送等问题，从而使海洋能源的成本过高。海洋能源在空间上的存在也是不可移动的，它不可能像其他载能体一样，按人类希望的时间或空间来进行主观布局，海洋自然能量的获取只可在水介质及沿岸的立体空间内进行。如果不能有效解决二次转换能源的储运技术，那么，海洋能源的利用也是极为困难的。

### 4. 无污染

海洋能源不必像石油、天然气、煤、铀等，需要一个物理或化学的二次转换过程来产生人类可直接利用的能源。因而也不会产生附带的能量损耗和废物排放，所以这是一种洁净的能源，它既不会污染大气，也不会带来温室效应。

## 02 Section 海洋能发展现状及应用前景

### 1. 技术进展情况

随着科学技术的发展进步，海洋能利用的障碍也在一点点被克服。近年来，关于海洋能利用的研究和试验热度也在不断增加。根据国际可再生能源署 2014 年发布的研究报告，潮汐能技术是海洋能技术中最为成熟的技术，技术成熟度达到 9 级（商业化运行阶段），已经得到广泛应用，未来需要研究新型可适应低水头、大流量、复杂工况的潮汐能利用技术装置。潮流能技术成熟度为 7～8 级（全比例样机实海况测试阶段），与潮汐能相比，它是海水在水平方向上具有的动能，潮流发电装置有垂直轴式、水平轴式、振荡水翼式，目前使用最多的是水平轴式，潮流发电机组的固定装置将承受巨大的负荷力矩才能保证整个系统稳定运行，根据固定方式的不同，可以分为漂浮式、系泊式、基桩式及重力式。2014 年哈尔滨工程大学研制的“海能 III 号”属于漂浮式立轴潮流发电站。波浪能技术成熟度为 6～7 级（工程样机实海况测试阶段），波浪能转换技术主要有振荡水柱式、振荡机械式、漫顶式三类，目前进展较快的是振荡水柱式技术，即利用波浪进出气室产生的空气压能和动能带动空气涡轮机运转，产生电能，图 14-1 是波浪能发电站。温差能技术成熟度为 5～6 级（实海况测试阶段），根据构成热力循环系统所用的工艺及流程不同，可分为开环式循环、闭环式循环和混合式循环三种类型。洋流能和盐差能技术成熟度为 4～5 级（实验室技术验证阶段），仍处于研发阶段，主要技术种类包括缓压渗透法、反向电渗析法以及蒸汽压法。其中，缓压渗透法和反向电渗析法的研究较多，其核心技术主要在渗透膜的研究上。

## 2. 国外海洋能产业发展情况

关于国外海洋能发电技术，欧洲以英国为主，亚洲以日本为主，关键技术领先，掌握大量专利和知识产权。潮汐发电方面，包括法国朗斯潮汐电站（年发电量为 5.44 亿千瓦时）、英国塞汶电站（年发电量为 720 万千瓦时）及加拿大芬地湾电站（年发电量为 380 万千瓦时），2011 年，韩国建成投产的始华湖电站（图 14-2），装机容量 254 兆伏，是目前装

图 14-1　波浪能发电站

图 14-2　韩国始华湖潮汐发电站

机容量最大的潮汐电站；潮流发电方面，英国海流涡轮机公司的 SeaGen

潮流发电装置已在英国沿海投入运营，单机功率达 1.2 兆瓦，整机运行可达 2 兆瓦；波浪发电技术方面，如日本的巨鲸号浮动型波浪发电站已完全投入运营。法国南斯附近的卢瓦尔于 2013 年建成的面积为 1 平方千米的 SEM-REV 波浪能测试场。在海洋温差发电技术上美国、日本是主要强国，日本佐贺大学 2013 年 3 月在冲绳县完成一种新型 OTEC 电站。2014 年 7 月，DCNS 集团与 AKuo 能源合作，宣布由 NER300 计划资助 NEMO 项目，装机 16 兆瓦，总输出达 10 兆瓦的电厂将是迄今为止最大的 OTEC 电厂。盐差发电目前国外都处于实验室试验阶段，尚无成熟案例。

### 3. 中国海洋能产业发展情况

中国在海洋能利用方面也取得了很大进步。根据国家海洋技术中心发布的《中国海洋能发展年度报告（2016 年）》显示，截止到 2016 年 8 月，已有数套自主研发的海洋能发电装置实现稳定发电。其中，浙江大学开发的潮流能装置累计发电量超过 2 万千瓦时，中科院广州能源所开发的波浪能装置累计发电量超过 1 万千瓦时，在运行潮汐电站 1 座，累计发电量 2.03 亿千瓦时。2016 年 8 月 15 日，世界首台 3.4 兆瓦模块化海洋潮流能发电机组首套 1 兆瓦机组在浙江舟山正式启动发电，发电机组运行正常。中国正在研究建设的温州瓯飞潮汐能电站规划装机容量为 400 兆瓦，总投资 335 亿元。我国海洋能总体发展形势良好。其中，低水头、大容量、环境友好型技术已成为未来潮汐能技术发展方向；波浪能技术日趋多样化，部分技术已具备产品化能力；潮流能逐步向大型化发展，单机功率进一步扩大；温差能技术得到重视，盐差能技术启动研究。

# 03 Section 对经济和社会的影响

## 1. 改善能源消费结构

目前的能源结构仍然是以煤炭、石油、天然气等不可再生能源为主。未来，可以预见这些能源的消耗殆尽。因此，提高可再生能源的比例已经是必须完成的事情。而陆地可再生能源的开发主要是太阳能、风能、水电、生物质能等，储量相对较少。海洋能源具有清洁无污染、储量大、可再生等特点，如果实现海洋能的合理开发利用，能够显著改善能源消费结构，大大提高可再生能源在能源消费中的比例，减少人类对化学能源的依赖，为人类的长远生存打下基础。

## 2. 促进沿海经济和海洋业的发展

从区域经济来看，海洋能开发能带动相关产业的发展，海洋能发电已经具备了良好的市场竞争力。我国沿海地区人口集中，资产密集，社会经济发达。发挥沿海可再生能源的资源优势，不仅能缓解沿海地区对能源的大量需求，而且对沿海地区经济发展也起到了直接的促进作用。海洋能源的发展可以带动和促进水产养殖、渔业、旅游等海洋产业的发展，也可以带动海能发电机械制造、能源储存、能源运输、电子芯片等新兴产业发展，创造更多就业机会。

### 3. 拓展人类生存空间，促进人与自然的和谐发展

人类一直梦想走向海洋深处。但是，如何解决深海的能源供给是制约人类在深海生存、生活的关键问题。如果深海发电技术得到应用，未来人类就可以迈向海洋深处发展，扩大人类的生存空间，缓解陆地生态环境面临的压力。同时，海洋能作为一种零排放的清洁能源，如果大规模利用，可以减少二氧化碳等温室气体的排放，减少对气候变化的影响，改善人与自然的关系。

### 4. 形成新的地缘政治格局

以海洋能为代表的新能源开发正在改变人们的“石油世界观”。大国政治即资源政治，资源政治的核心是能源政治。国家成长的扩张性和资源稀缺性是引发国家间斗争的重要因素。能源的扩展使以前的中东石油之争正在演变成海洋资源之争。南海之争、东海之争，这些都是各国在海洋开发利用中存在的利益冲突，未来，随着海洋能源开发技术的成熟，海上之争将更加激烈。原先以陆地为主的地缘政治将发生改变。如果中国抓住海上能源的发展机遇，有可能使我们摆脱能源束缚，降低能源咽喉被遏制的风险，还可能更好地在海洋岛屿上生存，解决海岛居民及驻军用电问题，增强海洋权利，更快地实现中国崛起。

海洋能作为一种取之不尽用之不竭的可再生清洁能源，它的出现必将掀起一场能源革命。

# 第15章
# Chapter 15

# 全球WiFi覆盖，谷歌的“阳谋”与“阴谋”

曾几何时，我们还在担心上网速度够不够快，这个月流量够不够用，考虑要不要 10 元钱买一个流量加油包，或者纠结这个月要不要续宽带费，然而，谷歌近日宣布的一项重大举措将彻底解决这一问题，即推进全球免费覆盖无线 WiFi 计划。从高空热气球、无人机到卫星，谷歌为了“全球 WiFi 覆盖计划”不遗余力，尝试了各种载体。如果这一计划得以实现，国际“不联网”的时代将从此结束。这有可能对当前的网络格局和网络安全产生重大的影响。图 15-1 是带 WiFi 的谷歌图标。

图 15-1 带 WiFi 的谷歌图标

## 01 Section 什么是 WiFi 全球覆盖

WiFi 可以简单地理解为无线上网，几乎所有智能手机、平板电脑和笔记本电脑都支持 WiFi 上网，是当今使用最广的一种无线网络传输技术。实际上就是把有线网络信号转换成无线信号，使用无线路由器供支持其技术的相关电脑、手机等电子设备。WiFi 最主要的优势在于不需要布线，因此可以不受布线条件的限制。谷歌正是利用这一特点，尝试在高空热气球、无人机到卫星上设置信号源，实现在全球，包括偏远地区或者海洋、沙漠地带的无线信号传输。

## 02 Section 谷歌的 WiFi 全球覆盖之路

### 1. 热气球 WiFi 计划

2013 年 6 月，Google X 实验室正式宣布推出“Project Loon”，即“潜鸟计划”，又名“热气球网络计划”。该计划通过在 6 万～9 万英尺（18～27 千米）高空的平流层放飞一组太阳能远程遥控热气球，为世界上缺乏相应通信基础设施的发展中经济体和地区提供无线网络服务。致力让全世界每一个角落都能连接网络，包括农村偏远地区或者灾区。6 万～9 万英尺是大部分飞机飞行高度的两倍。这些热气球的材质是超压力气球所使用的聚乙烯泡沫，比气象用气球更加耐久，可以承受更高的压力，充气完成后高 12 米、宽 15 米。同时，在热气球顶部配有降落伞，可以控制气球起降，以便进行维修和更换。这些被放飞的热气球下方还悬挂了一些设备——无线电接收器、电脑、高度控制设备及太阳能电池板（图 15-2）。

谷歌提交美国联邦通信委员会的文件表明，谷歌希望使用 71～76GHz 以及 81～86GHz 的无线电频率。这些毫米波频率十分适合进行短距离的大数据传送。这也表明，谷歌公司或许会使用毫米波无线电进行热气球间的通信，同时使用长期演进技术（LTE）向地球提供网络服务。和卫星网络的工作方式有点相似，热气球能够与地面上的特殊天线和接收站进行通信。

图 15-2　谷歌热气球

## 2. 无人机 WiFi 计划

除用热气球进行全球免费无线网络覆盖计划外，谷歌还想用太阳能无人机做 WiFi 热点提供服务，即 Skybender 项目。2014 年，谷歌收购了致力于开发无人机，当时还只有 20 名员工的泰坦航空航天公司，开始试验如何用无人机提供 WiFi 热点。为了能接收高空飞行中无人机发射的毫米波，谷歌正在利用新太阳能无人机 Centaur 以及 Google Titan 研发的无人机 Solara 50 采用相控阵天线聚焦传输。相控阵是由一群天线单元组成的阵列。送往各个天线单元的信号的相对相位经过适当调整后，最后会强化信号在指定方向的强度，并且压抑其他方向的强度。该技术原本用于射电天文学，后来在军事上的主动雷达以及一些调幅广播电台也都使用了这种技术。但是相控阵技术非常复杂而且十分耗能，尚不知道谷歌能否将这项技术实用化。

Google Titan 太阳能无人机（图 15-3），形状像蜻蜓，机翼约 164 英尺，比普通波音 767 稍大，两翼采用太阳能面板充电，以太阳能为动力，能在海拔 20km 的飞行高度持续飞行 5 年之久，可通过专业通信设备实现每秒 1 千兆字节的速度，将为偏远地区普及宽带连接提供解决方案，并使得网速远超多数发达国家的现行宽带速度。谷歌利用毫米波谱进行无线电传输，这种无线电工作在 28GHz 的频段，尽管其覆盖范围要比目前的 4G 技术小（有效传播距离大约是 4G 的 1/10），但是传输速率却要比后者快得多。理论上该技术可支持 10GB/s，这个速度要比目前的 4G 技术快 40 倍以上。谷歌的最终设想是，成千上万的无人机舰队在全球高空中传输 5G 网络。

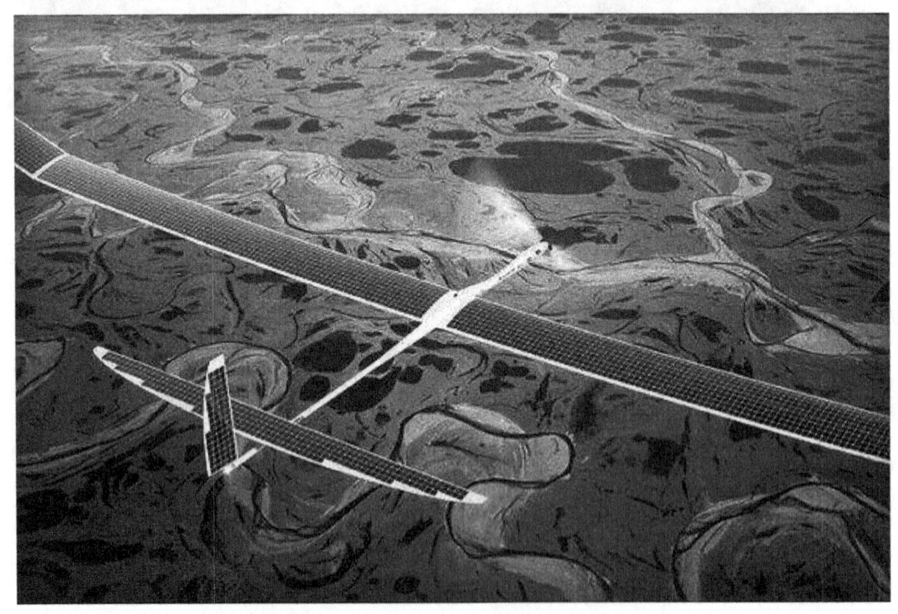

图 15-3　Google Titan 的太阳能无人机

## 3. 卫星 WiFi 计划

2014 年，美国的媒体发展投资基金公司开始研制原型卫星并测试远程 WiFi 广播，并计划发射数百颗微型卫星，向全球提供免费的网络连接，即“OUTERNET”（外联网）项目。2014 年，谷歌也计划花费超过 10 亿美元来部署数百个近地轨道卫星，为全球偏远地区的居民提供互联网接入服务。该卫星 WiFi 项目负责人是 O3b 网络公司创始人格雷格・维勒。O3b 网络公司是一家全球卫星服务提供商，以租用卫星的方式，为新兴市场的电信运营商、互联网服务提供商、企业及政府客户运营新一代卫星网络。在 2014 年 O3b 网络公司曾就计划以 12 颗在中地球轨道的卫星提供网络服务，并计划于 2018 年向太空发射 648 颗卫星，以提供更快速、范围更广的互联网接入服务。而谷歌全球免费无线网络本质上是把 WiFi 热点装到近轨卫星上，并用 180 颗卫星完成全球覆盖。图 15-4 是卫星 WiFi 项目示意图。

图 15-4 卫星 WiFi 项目示意图

### 4. 印度火车站 WiFi 项目

2015 年 9 月，谷歌宣布将与印度 RailTel 公司合作，为印度全国范围内超过 400 个火车站提供免费的 WiFi 热点。在 2016 年年底前，向其中 100 家人流最大的火车站提供免费 WiFi 连接。这些火车站每日旅客人次超过了 1000 万。在其车站部署的 WiFi 连接服务，将是真正的高速服务，能够满足观看高清视频。前期的 WiFi 热点服务均免费提供，旨在将无线业务从火车站扩展至更多地方。谷歌此举正是其“下一个十亿用户连接互联网”目标的一部分，提供重要服务只是第一步，谷歌欲借此吸引更多用户联网，发展其广告业务，与之前推出的廉价 Android One 手机项目类似。

## 03 Section WiFi 全球覆盖面临的问题

### 1. 卫星 WiFi 技术问题尚未完全解决

WiFi 技术源于计算机网络技术，本来就是基于近距离通信场景设计的，在实际使用中，如果距离足够近，在有限功率的情况下能够取得比较好的信噪比（在发射功率不变的前提下，距离近则信噪比高）。但是如果在功率有限的情况下，且距离较远，比如海平面和近地轨道人造卫星的距离，那么，信噪比就会很小，根据香农定理，不可能实现可靠的传输，会增大信号传输的误码率，而这也是为什么 WiFi 覆盖范围非常有限的根源。通信卫星的工作原理是从地面基站发出无线电信号，卫星通信天线接收后，首先在通信转发器中进行放大、变频和功率放大，最后由卫星的通信天线把放大后的无线电信号重新发向地面基站，再转接到用户。

目前的卫星 WiFi 还只是单工通信，意味着信息只能在一个方向传送，发送方不能接收，接受方不能发送。信道的全部带宽都用于由发送方到接收方的数据传送。近期目标是为整个世界提供广播数据，通过这一渠道，向用户传输新闻、教育课程、手机应用、电影、音乐，等等。因此，看起来更像是网络广播，并非真正的互联网。这种单向传输采用基于 UDP（User Datagram Protocol）的多任务处理技术，能够为大量人群提供服务，未来是否能够解决双向网络连接，成为真正的“无线网络”还需要技术的持续创新。

## 2. 收益能否收回成本

WiFi 全球覆盖需要强大的资金支持，但是其收益是否能收回成本，什么样的商业模式可以支撑这项计划持续进行下去？根据谷歌的计划，需要至少投入 10 亿美元，而其商业模式还只是广告收入，而目前全球未实现无线信号覆盖的地区都是偏远地区或者落后地区，这些地方能否带来相应的回报还不得而知。而且，当地政府是否允许国外公司实现对当地无条件网络覆盖也是个问题。而如果这个计划带有信息战的目的，那就更不容易得到当地政府的许可。

不过人类的发明创新很多也出于各种偶然的尝试，即便全球免费无线网络（WiFi）覆盖计划最终流产，或建成后也只能在地广人稀的地区使用，以及小范围内使用，其敢于探索的勇气确实值得肯定。

# 04 Section 对经济和社会的影响

## 1. 改变网络经济的商业模式

谷歌开启了免费网络连接的新模式，如果实现，将对现有的网络服务产生巨大冲击。WiFi 免费全球覆盖的概念已经得到一定的认同，这项计划获得了许多网友的支持，而比特币钱包区块链（Blockchain）、乌班图（Ubuntu）、世界开放街景地图（OpenStreetMap）、脸书（Facebook），以及维基百科等都加入了支持的队伍。未来，我们的互联网有可能变成网络免费、信息收费的模式。也有可能变成像电视一样，信息免费、广告收费。特定个性化广告页面直达 WiFi 用户，让用户在上网第一时间接触到商家的广告或市场调研选项，既凸显商家的形象，又是进行市场调研的一种好方法。运营商也可以借此进行广告业务推广服务。

## 2. 警惕西方的价值观输出

如果谷歌全球免费无线网络服务得以实现，谷歌、脸书、推特、“whatsApp”（类似中国的微信）等国外网络服务应用平台就可能大量涌入中国，向中国用户推销西方的价值观和文化观，中国政府需要对此提高警惕，在法律、设备管控等方面提前采取相应对策。

### 3. 借鉴全覆盖模式，缩小“信息鸿沟”

信息时代，发达地区往往拥有更好的信息基础设施，从而掌握信息主动权，反过来又促进当地经济的发展，使发达地区更发达，而贫穷、落后地区发展则越加困难，信息落后状态将不断扩大。而免费 WiFi 能够利用现代先进的技术手段，将信息传递到全国的每个角落，重点解决偏远地区网络连接问题，能够缩小人与人之间在移动互联网时代存在的“信息鸿沟”。中国政府和企业可以借鉴谷歌的全球覆盖 WiFi 的模式，减少中国贫困地区或者偏远山区由于信息匮乏造成的发展困难，减少贫困，促进社会公平。

### 4. 黑客可能更加猖狂，中国需加强网络监管

免费 WiFi 可能会成为黑客入侵系统的首选地，带来不可估计的安全问题。信息安全带来极大隐患，监管难度空前加大。因为使用该技术是利用无线电波在空中传播的方式来传输数据的。数据在没有良好保护机制的无线网络中进行传输，将存在诸多安全隐患，不法分子能利用安全漏洞窃取用户的个人信息以及各种商业机密为己所用。中国政府需要加强网络监管手段，提高网络监管技术水平，更好地应对未来的网络环境变化。

### 5. 有利于紧急救援或者灾后重建

全球免费 WiFi 覆盖计划能够把沙漠、大海、灾区等任何地方通过网络连接起来，一旦发生事故，这里的人可以获得事关生死的救命信号，为救援行动提供便利，减少损失。

### 6. WiFi 或将成为第五项公用基础设施

一个地区的 WiFi 水平可能决定当地信息产业的发展速度。WiFi 或将成为继水、电、气、交通之后的第五项公用基础设施，成为电子信息产业发展的助力器。由于信息接入的普及，信息共享更加方便，可以促进科技的快速进步。

## 05 Section 结语

全球免费 WiFi 覆盖从技术和商业模式上尚不完全成熟，谷歌的这些计划看上去更像给大众的安慰，雷声大，雨点小。但通过这样一种形式，谷歌获取了更多的民间支持，也获取了更多的投资支持，还可能间接给中国政府限制谷歌的正常监管行为造成一定的压力，更像谷歌的一个计谋。

虽然谷歌的这些项目未必能够取得成功，但是，让无线网络覆盖全球的方向并没有错，其背后也可能隐藏着巨大的商机。未来的世界是属于无线电波的世界，中国也应该考虑用自己的方法占据这个无线世界，这是一个看不见的，但确实存在的战场。

# 第16章
## Chapter 16

# 颠覆硅时代的21世纪神奇材料——石墨烯

“透明手机可缠绕在手臂上，高清电影一秒钟内下载完成，电动汽车充电几分钟便可行驶数千千米，军人穿着超轻防弹衣执行任务……”业内专家预测，所有这些看似不可思议的事情，借助石墨烯都有可能变为现实。

石墨烯是世界上目前已知的最坚硬、最薄、导电性能最好、灵活性很强的纳米材料，有“黑金子”之称，是可穿戴设备、灵活显示屏等下一代电子设备的优选材料，未来可在传感器、蓄电池、涂料等领域应用。图 16-1 是石墨烯原料。石墨烯作为材料领域的新贵，在全球范围内掀起了一股劲爆的研发、投资热潮，被誉为“21 世纪神奇材料”。

2015 年，国家主席习近平访问英国，此访的重要一站是英国国家石墨烯研究院（曼彻斯特大学），习主席对该院在该技术领域的研究实力给予了极高评价。习主席在参观中指出，当前世界在经历新一轮的科技革命与产业升级，新材料作为未来高新技术产业的先导性产业，对全球的科技、经济等方面的发展格局将产生深刻影响。国务院总理李克强在 2015 年的政府工作报告中，提出了实施“中国制造 2025”，加快从制造大国向制造强国的转变，提出将新材料相关新兴产业培育成为主导产业。

我国石墨资源丰富，石墨烯产业发展优势得天独厚，将石墨烯产业培育成我国经济新的增长点潜力巨大。我国在这方面的研究和开发方面表现得非常活跃，已处于国际领先水平，促进了我国产业结构的优化升级，凭借其巨大的市场应用前景，发展被寄予厚望。

图 16-1　石墨烯原料

## 01 Section 什么是石墨烯

石墨烯是碳的二维结构，是由英国曼彻斯特大学的科斯提亚·诺沃谢夫和安德烈·盖姆小组在 2004 年首先发现（2010 年 10 月因其突破性贡献而获诺贝尔物理学奖）。它是从石墨材料中利用某种技术剥离得到的单层碳原子面材料。石墨晶体薄膜的厚度小于 0.4 纳米，如果要达到一根头发丝直径大小，需要将 20 万片晶体薄膜进行叠加。

石墨烯问世之后就引起了全世界的广泛关注，兴起了研究的热潮。之所以如此，得益于它自身拥有很多优秀的特性：结构异常稳定；它是已知材料中最薄的一种，并且牢固坚硬；电子在其中传播速度快，作为一种单质，其电子的传递速度为光速的 1/300，快于任何其他导体；通过对形变和应力的处理可调节石墨烯的声学、电学等特性；石墨烯强度很高，比表面积[1]非常大，是性能优秀的二维材料。

## 02 Section 石墨烯的应用与技术发展

石墨烯作为 21 世纪最具应用前景的发明之一，在光学器件、电子器件、精密制造业、柔性电子、化工、生物医疗、轻型功能部件、能源等领域具有重要应用前景。典型应用包括高速、柔性、牢固的电子消费品，更轻、更节能的机载产品，新的计算技术范式，人造视网膜，等等。它不仅为其商业化拓宽了渠道，也令这一概念在资本市场保持着持续的热度。

根据近几年专利分布的分析结果可知，石墨烯的相关技术研究与产业化发展迅速，技术及应用研究热点包括：石墨烯用于半导体器件材料、能源（电池）材料、透明显示触摸屏材料、薄膜晶体管制备与复合材料制备等。具体来看，目前石墨烯技术研发主要集中在以下四个领域。

### 1. 储能和新型显示领域

石墨烯是一种透明导电电极材料，由于具有极好的透光性和导电性，

[1] 比表面积：指单位质量物料所具有的总面积。单位是 $m^2/g$。通常指的是固体材料的比表面积，如粉末、纤维、颗粒、片状、块状等材料。

因而在触摸屏、储能电池、液晶显示等方面有很好的应用。特别是在触摸屏制造中，多家龙头企业（如三星、辉锐、索尼、东丽、3M、东芝等）都在此领域作了重点研发布局，进而石墨烯被誉为最有潜力替代氧化铟锡的材料。密歇根理工大学研究人员研究得到了独特蜂巢状结构的三维石墨烯电极，凭借其光电转换效率达到 7.8%，并且价格低廉的优点，在太阳能电池应用方面有望替代铂；美国德州大学奥斯汀分校的科学家研发了一种多孔结构的石墨烯，其超级电容的储能密度接近铅酸电池；东芝公司研发出了石墨烯和银纳米线复合透明电极，同时实现了大面积化。

### 2. 半导体材料领域

石墨烯被誉为是取代硅的理想材料，目前大批有实力的企业均对石墨烯半导体器件进行了研发。美国哥伦比亚大学科学家开发出了一种石墨烯-硅光电混合芯片，其在光互连和低功率光子集成电路领域中被广泛应用；韩国成均馆大学研发的高稳定性 N 型石墨烯半导体，具有可以长时间暴露在空气中使用的特点；IBM 公司的研究员们开发出的石墨烯场效应晶体管截止频率高达 100GHz，其频率性能远优于具有相同栅极长度的最先进硅晶体管（40GHz）。

### 3. 传感器领域

石墨烯凭借其特有的二维结构，以及表面积大、体积小、响应时间快、电子传递快、灵敏度高、易于固定蛋白质同时保持其活性等诸多优点，从而提升了传感器的各项性能，故在传感器领域中被广泛应用。主要应用于生物小分子、气体、酶和 DNA 电化学传感器的制作。美国伦斯勒理工学院研发出的石墨烯海绵传感器，价格低廉，且性能远超现有商用气体传感器；新加坡南洋理工大学研制出了高灵敏度石墨烯光传感器，其敏感度是普通传感器的1000倍。

### 4. 生物医学领域

石墨烯及其衍生物的广泛应用还体现在生物检测、肿瘤治疗、纳米药物输运系统、生物成像等方面。利用石墨烯为基层研发的生物传感器或生物装置，被应用于细菌分析、DNA和蛋白质检测等。例如，美国宾夕法尼亚大学研发了可以快速完成DNA测序的石墨烯纳米孔设备。虽然石墨烯在生物医学领域的应用研究仍为起步阶段，但未来必定成为产业化发展前景最为广阔的应用领域之一。

## 03 Section 产业发展现状

石墨烯因其在电学、力学、热学、光学等方面的独特表现，得到了极大的重视。石墨烯产业已成为一个“不以价格竞争模式发展、真正依靠不断创新前行的产业”。

石墨烯全产业链如图16-2所示，上游主要是石墨烯原材料的提取，中游是将石墨烯制成石墨烯薄膜或其相关化合物，下游则是利用薄膜或化合物制作终端产品，目前全产业链均处于不断的技术革新中，逐渐积累技术优势，任何一项技术的突破对于整个石墨烯产业的发展，均具有重要的意义。下面我们具体讨论其产业发展现状。

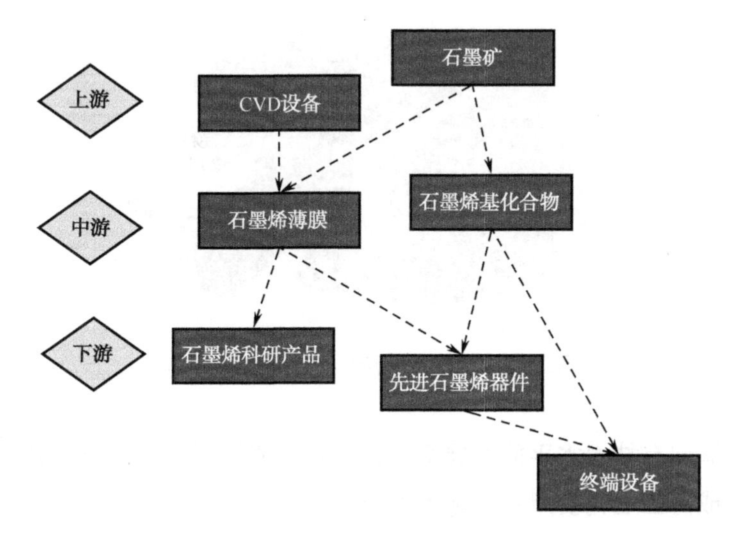


图 16-2　石墨烯全产业链

## 1. 产业领域

根据石墨烯全产业链可知，石墨烯产业发展的重点是下游部分，即利用石墨烯的高强度、高导电性及传热性等特性，在电子、航空航天、电池、超级电容器、新能源、新材料等诸多领域产生神奇的化学反应，研发出性能优越的器件或终端设备。但由于其对技术创新的高要求，很多应用一直都处于研究阶段。

根据石墨烯领域相关专利分析结果，与石墨烯技术相关的专利最早出现在 2002 年，在 2008 年之后出现快速增长期。根据图 16-3 所示的专利类型分布可知，下游应用是研发的重点领域，而制备方法及新材料方面也有大量的专利出现，符合石墨烯产业发展的方向。

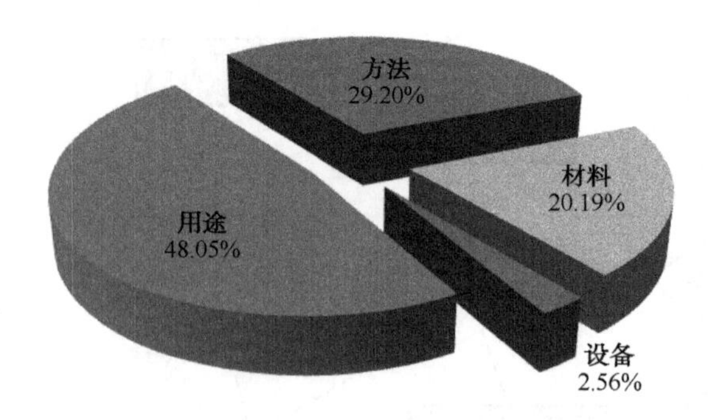


图 16-3 全球石墨烯专利技术类型分布

根据现有技术水平的发展情况分析，技术领域与复合材料领域是最有可能成为工业化使用石墨烯的下游行业。

从目前的技术发展来看，最有可能实现工业化使用石墨烯的下游行业是复合材料领域和显示技术领域。在复合材料领域的应用也是目前石墨烯最大的产业化应用。目前的显示器件中应用最广泛的导体材料是氧化铟锡（ITO），将石墨烯作为导体材料制成显示器件，将增强器件的柔韧度，制成可以折叠的薄膜显示器。业内预计，石墨烯在显示技术领域的应用将是下一个能够产业化应用的领域。另外，将石墨烯添加到涂料、塑料、橡胶基体中，可以大幅增强产品的性能，如强度、柔韧度、导电性及传热性等。

## 2. 相关公司与产品

石墨烯应用前景广阔，随着国内部分公司如中国宝安、金路集团、华丽家族等典型代表，对石墨烯的相关业务的逐步投入，产业开发热潮即将来临。乐通股份、方大碳素、中钢吉炭、南都电源等公司也涉足了石墨烯业。国内的研究机构主要有中科院金属所、化学所、上海硅酸盐所、重庆绿色智能技术研究院、山西煤炭化学研究所、清华大学、中国科学技术大学、华为公司、中航工业集团等。

中国宝安开发业务主要包括：石墨烯透明导电薄膜及导电添加剂等应用；金路集团在石墨烯研发及产业化方面，主要是与中国科学院金属研究所展开平等互利的合作；华丽家族的石墨烯项目主要依托宁波墨西科技有限公司和重庆墨希科技有限公司从事石墨烯的相关生产、销售、研发等技术服务。

### 3. 产业规模

石墨烯在应用中显示出了优异的性能，特别是在电子和高分子材料方面显示出了优越的性能，产业化进程的速度极快，产业规模正迅速扩大。虽然石墨烯产业化从 2004 年发现至今，步伐不断加速，但目前行业行为主要是战略性布局，产业化仍停留在准备期，石墨烯整个产业链未实现疏通与整合，无法形成规模化的稳定生产能力。

石墨烯的一项重要应用就是可穿戴设备，而预测未来五年其销量有望达到 190 亿美元，因此，石墨烯的开发技术的准确掌握将成为公司参与市场竞争的关键。关键技术实现后，产业规模将呈指数式增长，未来 5～10 年，全球石墨烯产业规模会超过 1000 亿美元。

### 4. 不可小觑的中国力量

Lux 研究公司（波士顿）曾报道，在碳纳米管及石墨烯的研究制造方面，中国已经处于全球领先地位；2018 年，全球石墨烯碳纳米管市场需求在 2016 吨。随着碳纳米管产能增加及利用率提高，未来其价格将继续下降，进一步挤压纳米材料的利润率。

结合“大众创业，万众创新”的要求部署，石墨烯的研发及产业化被确定为战略新兴产业得以快速发展。中国已经成为全球石墨烯制造的领先者，图 16-4 为全球石墨烯领域专利技术产出量的排名前三位的国家占比，我国在全球石墨烯技术研发中居于重要地位。我国在加大石墨烯产业投入的同时，非常关注知识产权的保护；但需要说明的是，数量并不能代表技术的先进性，更不能代表产业化程度，目前专利主要来自高校及科研院所的实验室产品，工艺和制造技术仍显落后，产业化仍有很长的路要走；同时也乐观地看到中国正迅速追赶，差距在进一步缩小。

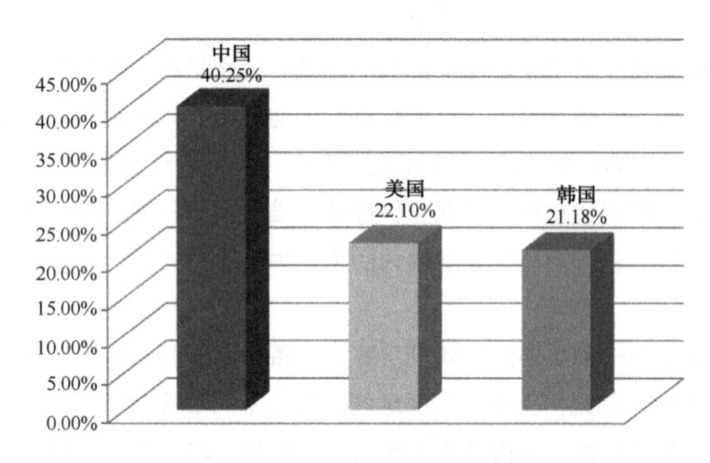


图 16-4　全球石墨烯专利技术产出量国家占比

“中国石墨烯产业技术创新战略联盟”于 2013 年 7 月正式挂牌成立，该技术联盟以提升石墨烯产业技术创新能力作为发展目标，联合了国内进行石墨烯技术研发的高校、科研机构和相关企业，兼顾原始技术的基础创新与产业化发展需求。目前我国已落地多个石墨烯产业化基地，具体如下：

- 第六元素材料科技股份有限公司（常州）。2013 年该公司建成大规模制备、全自动控制的粉体石墨烯生产线，目前该公司已上市。
- 石墨烯产业园（无锡）。该产业园是由中国石墨烯产业技术创新战略联盟”与无锡市合作共建，是国内成立的首个开展石墨烯技术研发及产业应用创新示范基地。
- 石墨烯产业创新基地（青岛）。该基地由“中国石墨烯产业技术创新战略联盟”与青岛高新区共同建立，致力于石墨烯等新材料全产业链的创新与应用。
- 墨西科技有限公司（宁波）。该公司成立于 2012 年 4 月，引进的石墨烯低成本量产技术，确保石墨烯的导电和导热性能。

此外，北京、上海、成都、哈尔滨等多地也加大推动石墨烯技术产业的发展，促进其产品化、商业化进程的快速推进。

### 5. 存在问题

石墨烯产业化发展是一项系统工程，涉及众多学科与产业，欲寻找发展突破口，必须通过资金、产业、服务、创新等多个方面进行融合。

一方面，石墨烯受制于制备过程中的高成本和低质量，目前绝大多数企业仍处在小批量生产的摸索阶段，未实现量产，大多数高校、科研院所也仍处于科研阶段。

另一方面，石墨烯下游产业未实现应用领域技术突破，无法满足规模化需求。我国石墨烯相关技术产品主要集中在科研单位、企业研发部门。高校及相关科研单位与生产企业对接不顺畅，缺乏有效沟通；研发存在重基础科学而轻实用技术的现象，无法打开应用领域的市场需求，无法实现石墨烯的规模化应用。

此外，目前在知识产权转移、相关的检测标准、产业与金融对接、应用及验证体系、产学研合作等方面并不完善，没有形成相应的资源共享机制，所谓技术优势呈现“碎片化”特征，产业上游与下游资源分割，严重制约产业纵深发展。

## 04 Section 对经济和社会的影响

由于石墨烯在新材料、新能源、航天军工、电子科技等领域具有巨大的潜在应用价值，因此，受到各国政府、科研院所及资本市场的追捧，必将对社会产生深远影响。

### 1. 各国政府加大投入

美国、欧洲、亚太地区等已将石墨烯相关技术确定为未来技术创新竞争的焦点。

- 美国于 2013 年在纽约州成立“石墨烯利益相关方联合会”，旨在通过教育培训、技术合作、科学交流等方式促进研究人员、大学、政府机构和企业等成员的合作开发，推动石墨烯相关技术的发展。
- 欧盟于 2013 年将石墨烯确定为“未来新兴旗舰技术项目”，将获得 10 亿欧元的经费支持。

- 日本早在 2000 年就出现了石墨烯领域的第一篇专利，技术研发早于其他国家，积累了大量技术专利，目前政府在大力鼓励各研究机构开展合作，推动应用推广。
- 韩国将石墨烯确定为未来革新产业的重要部分，目前有近 50 家企业、研究机构共同组建石墨烯联盟，布局相关技术领域。

## 2. 颠覆硅时代

晶体硅的应用，改善了电子管的笨重、能耗大、寿命短、噪声大、制造工艺复杂等缺点；而石墨烯导电性、导热性显著优于晶体硅，效率高，是最有可能成为未来集成电路制作材料，有望打破半导体产业流传的摩尔定律。任正非曾声称，石墨烯替代硅将是未来最大的颠覆！

## 3. 新能源电池重要研究方向

未来可基于石墨烯研发的新能源电池，功能强大，能量储存密度比传统超级电容高 30 倍，功率密度比传统锂电池高 100 倍。正是由于其强大的性能，基于石墨烯的电池有望使电动汽车、可穿戴设备等系列高科技产品在节约成本的情况下，性能得到大幅跃升。

## 4. 智能终端新模式

石墨烯的轻薄、坚硬、导电性优异、高透光性、高导电性等优良特性，使未来的智能终端兼顾强大的功能与酷炫的外表；依靠石墨烯器件未来或可实现一秒钟内下载一部高清电影，终端充电时间缩短到一分钟等。很多科技巨头，如华为、三星、IBM 等，都在研究石墨烯应用终端的技术解决方案。这些必将改变智能终端的体验，影响人们的生活，导致智能终端领域重新布局。

### 5. 改良传统工业材料

石墨烯可用于新涂料的研发，制备纯石墨烯涂料和石墨烯复合涂料。石墨烯涂料主要是指借助纯石墨烯在金属表面的导电、防腐蚀等作用而制作的功能涂料；石墨烯复合涂料主要是指利用石墨烯与聚合物树脂复合形成的复合材料制备相应的功能涂料。此外，还可用于需要散热的物件，如 LED 散热、工业设备散热、汽车零部件散热等各行业。

# 第 17 章

Chapter 17

## 3D 打印：制造业未来的技术

2015 年 10 月，国际恐怖组织 ISIS 冲进有 2000 年历史的叙利亚巴尔米拉古城，摧毁了这座古老城市的珍宝——凯旋门，震惊整个世界。2016 年 4 月，在英国伦敦特拉法加尔广场，人们用 3D 打印技术完美重现了巴尔米拉古城贝尔庙的凯旋门，象征着对于暴力的反抗。不知不觉中，这项原以为只有标新立异或高端设计才用的“第四次工业革命最具标志性的生产工具”已经走进了我们的日常生活，也在改变我们的生活。其发展态势之迅猛让我们不得不相信，也许真的如某些人预言那样，3D 打印是可以复制人类文明的技术。

## 01 Section 什么是 3D 打印技术

3D 打印以计算机三维设计模型为蓝本，通过软件分层离散和数控成型系统，利用激光束、热熔喷嘴等方式将金属粉末、陶瓷粉末、塑料、细胞组织等特殊材料进行逐层堆积黏结，最终叠加成形，制造出实体产品，如图 17-1 所示。

3D 打印是数字化技术发展到一定阶段的产物，将我国传统上的那种切削技术转变为材料分子叠加技术，因此有人将传统制造技术称为减材技术，而将 3D 打印技术称为增材制造技术。通过这种数字化，只要有计算机图形，有相应的材料，就可以塑造任何能想象的产品。目前除了模具制造、工业设计用来建造模型以外，现在该技术正向产品制造的方向发展，形成“直接数字化制造”。

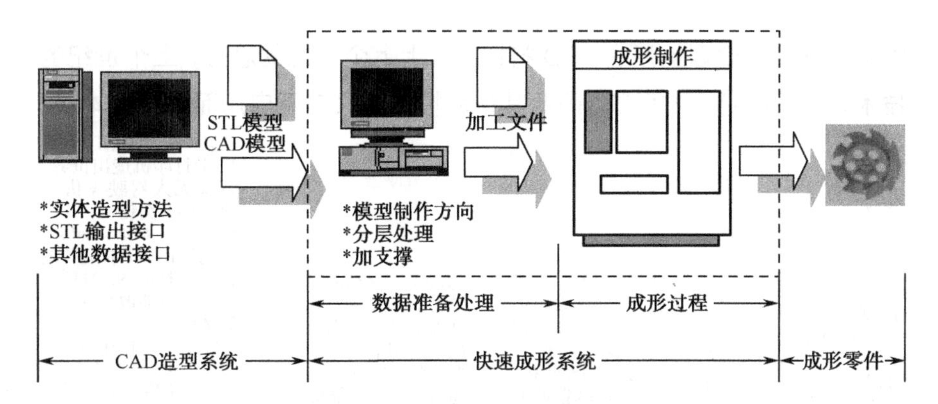


图 17-1　3D 打印技术流程示意

因此，3D 打印技术并无玄妙之处，其运作原理和传统打印机工作原理基本相同，不过就是将打印机的墨水换成了产品所需要的树脂、塑性材料等，然后通过计算机辅助设计软件，利用 FDM 技术把原材料进行堆积，形成蓝图中的实物。由此可见，与传统制造业通过模具、车铣等机械加工方式对原材料进行定型、切削以最终生产成品不同，3D 打印的过程不过就是将三维实体变为若干个二维平面，通过对材料处理并逐层叠加进行生产。

## 02 Section　3D 打印的技术基础

严格意义上，3D 打印并不能称为新兴技术。如图 17-2 所示，3D 打印思想起源于 19 世纪末的美国，20 世纪 80 年代得以发展和推广，直到 2010 年才在各行各业得到重视，全球各大咨询公司和智库几乎无一例外地将 3D 打印技术或增材制造技术列入影响未来的颠覆性技术之一，并预测到 2025 年 3D 打印的经济影响为 2000 亿～6000 亿美元。也许正如中国物联网校企联盟所言，3D 打印是“上上个世纪的思想，上个世纪的技术，这个世纪的市场”。因此其革命性的意义在于应用而非技术本身。

•1984年，美国人Charlcs Hull发明立体光刻技术，可打印3D模型。
•1986年，3D Systems公司成立，专注发展增材制造技术。
•1988年，3D Systems公司推出SLA-250成形机，标志着快速原型技术诞生。
•1988年，Stratasys公司成立，可以用蜡、ABS、PC、尼龙等热塑性材料制作物体。
•1989年，C.R.Dcchard发明Selective Laser Sintering，利用高强度激光将材料粉末烧结，直至成形。

•1992年，Helisysv发明Laminatcd Object Manufacturing，利用薄片材料、激光、热熔胶来制作物体。
•1993年，麻省理工Emanual Sachs教授发明Three-Dimensional技术，通过黏结在一起成形。
•1995年，Z Corporation公司获得麻省理工大学许可，生产3D打印机。
•1996年，3D Systems、Stratasys Z Corporation分别推出Actua 2100、Genisys、Z402，第一次使用“3D打印机”的称谓。

•2005年，Z Corporation发布Spectrum Z510，是世界上第一台高精度彩色增财制造机；英国巴恩大学Adrian Bowyer发起开源3D打印机项目RepRap。
•2008年，美国一家公司通过增材制造首次为客户定制了假肢的全部部件。
•2009年，首次使用增材制造技术造出人造血管。
•2009年，美国ASTM成立F42专委会，将各种快速成型技术统称为“增材制造”技术。

•2011年，英国工程师用3D打印机造出世界首架无人驾驶飞机，成本5000英镑。
•2011年，I Matcrialisc公司提供以14K金和纯银为原材料的3D打印服务，可能改变珠宝制造业。
•2012年，Defense Distributed创始人Cody Wilson决定开发全球首款利用3D打印技术制造的手枪。
•2013年，美国伦敦Softkill Design建筑设计工作室首次建立一个3D技术打印房屋概念。
•2014年，美国汽车公司打造世界首款3D打印汽车——斯特拉迪，成本约3500美元，制造周期44个小时，该车最高时速达每小时80千米。

图 17-2　3D 打印技术发展简史

较成熟的 3D 打印技术主要有以下四种方法。

- 光固化成形（Stereo Lithogr Aphy，SLA），该方法的优点是制造精度高、表面质量好，并且可以制造形状复杂的零件，但是，制造成本高、后处理复杂。
- 叠层实体制造（Laminated Object Manufacturing，LOM），该方法只需要加工轮廓信息，加工速度快、强度高，但是精度较低。
- 电子束熔化成形（Electron Beam Melting，EBM），该方

法的特点是成形材料广泛，理论上只要将材料制成粉末即可成形。另外，EBM 成形过程中，粉床充当自然支撑，可成形悬臂、内空等其他工艺难成形结构。但是，EBM 技术需要价格较为昂贵的电子束发射器，成本较其他方法高，一定程度上限制了该技术的应用范围。

- 熔丝沉积成形（Fused Deposition Modeling，FDM），该方法无须价格昂贵的激光器和光路系统，成本较低，易于推广。但是，该方法成形材料限制较大，并且成形精度相对较低，是限制该技术发展的主要问题。

增材制造“以信息技术为支撑，以柔性化的产品制造方式来最大限度地满足企业和个人无限丰富的订制化和个性化需求”。如果没有几何模型的计算机设计和对其进行分层解析的软件技术，没有能够控制激光束（电子束、电弧等高能束）按任意设定轨迹运动的振镜技术、数控机床或机械手，核心的柔性化特征无法实现。因此，3D 打印是“信息化或数字化增材制造技术”，其未来发展的关键突破点也是在信息技术领域。

## 03 Section　3D 打印的应用前景

### 1. 主要应用领域

（1）日常生活领域

目前，3D 打印在民用领域应用广泛，已经打印出了服装、鞋、灯罩、珠宝、小提琴等多种类型的产品。美国 Quirky 公司通过众包、众筹的模式，在线征集用户的设计方案，通过 3D 打印和网络销售，每年可以实现 100 万美元的营收。

（2）航空航天和国防工业领域

航空航天和国防工业领域 3D 打印应用规模近年来增长迅速。按照销售规模排名，3D 打印在航空航天业和国防工业的应用规模占比分别为 14.8%和 6.6%。波音公司已经利用 3D 打印技术制造了大约 300 种不同的飞机零部件，目前，正在研究打印出机翼等大型零部件。空客 A380 使用 3D 打印技术制造了行李架，“台风”战斗机中打印制造了空调系统，其概念客机将于 2050 年前后由 3D 打印机“打印”制造。2013 年 3 月 7 日，美国普惠洛-克达因公司采用选择性激光烧结技术（SLS）制造了 J-2X 火箭发动机的排气孔盖，在恶劣环境下进行了试验并取得了成功。

（3）医疗领域

美国已经研发出能够打印牙齿、皮肤、软骨、骨头和身体器官的“生物打印机”。2013 年 8 月 7 日，我国杭州电子科技大学自主研发一台生物材料 3D 打印机，并成功打印出人类耳朵软骨组织、肝脏等器官。

（4）工业领域

2014 年 10 月 10 日，全球首款 3D 打印汽车——斯特拉迪亮相，由“本地汽车”公司打造，整辆汽车成本约为 3500 美元，制造周期为 44 个小时，该车最高时速可以达到 80 千米/小时。

## 2. 发展趋势

随着互联网、移动互联网、物联网、工业大数据、工业 4.0 等信息技术的发展和材料技术的不断进步和应用，未来 3D 打印技术将向通用化、智能化、敏捷化等方向发展，3D 打印将与传统制造模式长期并存、融合发展。

（1）设备通用化和智能化

随着 3D 打印技术的逐渐成熟，低价 3D 打印机市场将快速扩张。3D 打印机将会变成家庭或企业的普及产品，成为通用化的必需品。所以，未来结合大数据、人工智能等技术，使 3D 打印机具备智能识别和反馈功能，让 3D 打印机变得更聪明、更智能将成为必然趋势。

（2）材料种类和性能多元化

随着 3D 打印在不同领域应用范围的扩展以及多元材料同时打印工艺的发展，用户对打印材料种类和性能有了更高的要求。在军事领域，需要发展面向 3D 打印的特殊合金、钒合金、铝合金、记忆合金、阻尼合金等具有特殊用途的材料。

（3）生产分布式和敏捷化

云计算、移动互联网、大数据等新一代信息技术的发展，催生了众包、众筹等新型制造模式。虽然目前 3D 打印在生产效率和精度等方面还存在不足，但未来随着 3D 打印与新一代信息技术的结合，建立工业云平台、工业大数据平台将有效整合制造资源，实现分布式制造，有效弥补 3D 打印生产效率和精度等方面技术的缺陷。3D 打印由于其适合个性化定制，将对传统大批量制造模式产生巨大冲击。

（4）两种制造模式长期并存，融合发展

3D 打印可以制造复杂、个性化的零部件，有效弥补传统工艺的不足。但是，目前 3D 打印在制造精度、力学性能、生产效率等方面仍然面临瓶颈，短期内难以超越传统制造。所以，3D 打印与传统制造各具优势，在未来一段时间，将形成两种制造模式相互交叉融合、长期并存的局面。

目前，日本松浦机械和美国 Fabrisonic 公司已经开始尝试将铣削技术和 3D 打印技术融合，国内的沈阳新松机器人自动化股份有限公司也已经开始进行 3D 打印复合技术开发，实现了随型流道注塑模具、叶片、螺旋桨及其他复杂零部件的快速制造。

### 3. 面临的问题和挑战

（1）速度与精度需要提高

3D 打印的速度和精度之间的矛盾是长期存在的一个问题。目前，3D 打印金属零件的最高堆积效率大约为每小时 70 立方厘米，与高速铣还有较大差距。3D 打印本身的加工速度和精度还远未达到人们理想的状态，有待同时提高。

（2）材料和性能需要突破

打印材料是目前 3D 打印技术的关键，3D 打印技术在各领域的应用和推广，需要研究适应于各领域的材料。制定材料和工艺标准将是 3D 打印技术亟待解决的问题。

（3）极大极小尺寸成形能力不足

目前 3D 打印的成形尺寸大多在 1 米以内，而且分层厚度较大。由于 3D 打印自身的特点，其在大尺寸零件或微小精密零件成形方面显得能力不足。虽然近年来研制了一些面向大尺寸和小尺寸打印的 3D 打印机，如 2014 年 8 月 20 日，德国 Nanoscribe 科技公司打印出长为 125 微米的飞船，相当于人类发丝直径，但是这些技术尚处在研发阶段，离大规模生产应用还有较大差距。

（4）工艺稳定性需要提升

要生产高精度、高质量的产品，必须提高打印工艺的稳定性。此外，喷射扫描模式、粉末层厚度以及压实密度、喷嘴至粉末层的距离等工艺参数都会直接影响 3D 打印的精度和速度。

（5）产业发展环境有待完善

随着 3D 打印技术的发展，与其相关的知识产权保护、行业标准制定等影响产业发展的环境有待进一步完善。

# 04 Section 未来市场空间预测

## 1. 全球3D打印市场空间预测

针对3D打印技术的快速发展和推广，众多机构和学者对3D打印产业的未来市场空间做出预测。应用市场将是带动3D技术跨越的决定性力量。

Wohlers Report 2015基于3D打印技术的发展现状和增速预测，2016年全球3D打印产品和服务产值将达到73.12亿美元，并在2018年和2020年分别达到127.39亿美元和211.98亿美元规模。

市场研究公司Gartner在报告中预测，2015年3D打印机终端用户的支出约为16亿美元。2012—2018年期间，全球3D打印机出货量年均复合增长为106.6%，同期营收增幅为87.7%。到2018年全球3D打印机出货量将达到230万台，市场将增长至134亿美元。

虽然技术的炒作和潜在经济影响之间的关系尚不明确，但有公司预测未来3D打印技术可能对全球12%的劳动力（3.2亿制造工人）产生影响，影响约11万亿美元GDP的创造。

总体来看，知名机构对于未来3D打印市场规模和增长速度的预估虽然存在一定的差异性，但对于未来 3D 打印市场的潜力均持乐观态度。毋庸置疑的是，随着 3D 打印设备成本的下降和配套服务的完善，未来的 3D 打印市场的应用领域会不断拓宽，3D 打印技术直接或者间接影响的经济规模会逐渐扩大到 2020 年，全球 3D 打印的市场规模可能达到 152.6 亿～242.1 亿美元。

## 2. 中国 3D 打印市场空间预测

艾媒咨询认为中国作为全球重要制造基地，3D 打印市场的潜在需求旺盛。预测中国 3D 打印市场的规模将保持 30%以上的较高增速，有望在 2018 年超过 200 亿元。

（1）政治环境方面

国家鼓励“大众创业，万众创新”，为 3D 打印的发展提供沃土。德国率先提出“工业 4.0”，开启了全球新一轮智能制造的竞争序幕，中国也不失时机地提出了《中国制造 2025》，3D 打印作为一种智能制造技术受到政策重视。2015 年 2 月，工信部、发改委、财政部联合发布《国家增材制造产业发展推进计划（2015—2016 年）》，其中明确指出要在 2016 年建立较为完善的增材制造产业体系，整体技术水平保持与国际同步，在航空航天等直接制造领域达到国际先进水平，在国际市场上占有较大的市场份额。增材制造产业销售收入实现快速增长，年均增长速度 30%以上。

（2）经济环境方面

当前我国整体经济存在下行压力，传统制造业亟待转型升级；中国作为传统制造业大国，在发达国家“再工业化，制造业回流”以及发展中国家低成本优势显现的大背景下，加快发展 3D 打印是我国由制造大国迈向制造强国的有效途径之一。

（3）社会文化环境方面

我国老龄化问题日益凸显，人口红利渐失，劳动力成本上升，亟待新型生产方式提高生产效率和效益，这为 3D 打印的发展提供了动力；我国消费者个性化需求增多，3D 打印契合这样的趋势；受以美国为首的世界 3D 打印热潮席卷以及媒体和政府关注度的提高，中国 3D 打印热升温，民众和企业对 3D 打印的认知度提高。

（4）技术环境方面

国外 3D 打印相关技术专利陆续到期（FDM——2009 年到期，SLA——2014 年到期，DLP——2015 年到期），为我国发展 3D 打印提供了一定的技术便利；目前传统制造方式已不能很好地满足人们在生产和生活方面日益增长的需求，3D 打印是一个很好的补充；此外，产学研结合更加紧密，技术转化能力强大。

综上所述，不论是政治、经济、社会文化还是技术都为 3D 打印在中国的发展提供了很好的环境。中国在 3D 打印领域虽然起步晚，技术相对落后，但是拥有最大的潜在市场。自 2013 年 3D 打印在我国真正火起来，其市场规模就一直保持翻倍式增长。在上述多因素共振以及巨大潜在市场空间优势的情况下，未来几年中国 3D 打印市场规模增长速度将高于全球水平。参考多家知名机构及业内专家对中国 3D 打印市场规模的判断，到 2020 年，中国 3D 打印的市场规模大概率在 286.9 亿～440.5 亿元。

# 05 Section 典型应用案例

## 1. 3D 打印技术复原天龙山石窟

由美国芝加哥大学东亚艺术中心主持的天龙山石窟 3D 复原项目取得阶段性成果，130 多件石窟残件的数字化工作已完成。

太原天龙山石窟是国家重点文物保护单位，主要雕刻于东魏、北齐及唐代，以形象写实、比例适度、生活气息浓郁著称，是中国石窟艺术最高成就的代表作之一。20 世纪初，海外学者关野贞、喜龙仁、斯德本等人先后对天龙山石窟进行过考察介绍，引来了大量海外文物商人，勾结当地不法之徒大肆盗卖石窟造像，使得天龙山石窟成为我国被摧残破坏最严重的石窟。

天龙山石窟 3D 复原项目是通过 3D 打印技术，对散落于全球 30 余家博物馆以及部分私人藏家手中的石窟造像进行逐一扫描、采集、比对、复原，将它们栩栩如生地展示在世人面前。

据悉，该成果将择期举办巡回展，展示用 3D 技术打印出的造像，也将展示少量造像原件，同时还将运用三维立体投影技术，再现天龙山石窟的一个或几个洞窟的虚拟实境，观众可以 360 度观察石窟里的造像，获得比参观实物更为细致更为全面的体验。

## 2. 美国最新 3D 打印技术

美国南加州大学的“轮廓工艺”3D 打印技术项目，由美国航天局出资赞助。该 3D 打印机工作速度非常快，24 小时能够打印出一栋两层楼高、2500 平方英尺（约 232 平方米）的房子。据“轮廓工艺”项目负责人、南加州大学教授比赫洛克·霍什内维斯介绍，“轮廓工艺”其实就是一个超级打印机器人，其外形像一台悬停于建筑物之上的桥式起重机，两边是轨道，而中间的横梁则是“打印头”，横梁可以上下前后移动，进行 X 轴和 Y 轴的打印工作，然后一层层地将房子打印出来。

# 第18章
## Chapter 18
# 直接空气捕捉：给地球洗肺

据挪威的奥斯陆国际气候与环境研究中心（CICERO）推算，自1990年《京都协定书》制定起至2016年中国二氧化碳累计排放量达到1464亿吨，超过美国的1462亿吨跃居首位。在*Nature*（《自然》）公布的2016年科学领域的11项发展重点中，排名第一位的技术是直接空气捕捉（Direct Air Capture，DAC）技术。该技术最先于2007由美国科学家提出，发表在美国化学学会刊物《环境科学与技术》上，这一技术的出现有望大幅减少温室气体，从而阻止全球气候变暖趋势。通过近年来全世界科学家们的不断努力，这一技术已逐渐走向成熟，在未来的几年内有望看到使用该技术的工厂正式投入运营。

## 01 Section 碳捕捉与封存技术

消除大气中的温室气体，普遍采取的方式是“碳捕捉和封存技术”（Carbon Capture and Storage，CCS），碳捕捉与封存技术是指将二氧化碳从相关燃烧源排放中最大限度分离出来，输送至指定地点封存使其与大气长期隔绝，从而阻止或者减少温室气体排放。国外早期已经注意到碳排放问题并开展很多大型CCS项目，碳捕捉技术趋于成熟，见表18-1。在我国，政府提出到2020年单位GDP碳排放要在2005年的基础上降低40%~45%，目前形势十分严峻，很多科研机构和一些大型企业均快马加鞭开展相关研究工作，见表18-2。

表 18-1　国外大规模 CCS 项目

| 项目名称 | 国家 | 运行时间/年 | 捕捉技术 | 类型 | 年减排量/百万吨 |
| --- | --- | --- | --- | --- | --- |
| Val Verde Natural Gas Plants | 美国 | 1972 | 燃烧前 | 提高原油采收率 | 1.3 |
| Enid Fertilizer Plant | 美国 | 1983 | 燃烧前 | 提高原油采收率 | 0.7 |
| Lost Carbin Gas Plant | 美国 | 2011 | 燃烧前 | 提高原油采收率 | 1 |
| SleipnerInjection | 挪威 | 1996 | 燃烧前 | 深部盐水层 | 1 |
| Great Plains Synfuels Plants and Weyburn-Midale Project | 美国、加拿大 | 2000 | 燃烧前 | 提高原油采收率 | 3 |
| Shute Creek Gas Processing Facilityute | 美国 | 1986 | 燃烧前 | 提高原油采收率 | 7 |
| In Salah $CO_2$ Storage | 阿尔及利亚 | 2004 | 燃烧前 | 深部盐水层 | 1 |
| Century Plant | 美国 | 2009 | 燃烧前 | 提高原油采收率 | 5 |
| Illinois Industrial Carbon Capture and Sequestration Project | 美国 | 2013 | 燃烧前 | 深部盐水层 | 1 |

表 18-2　国内 CCS 示范项目

| 项目名称 | 投资单位 | 运行时间/年 | 类型 | 能力 |
| --- | --- | --- | --- | --- |
| 吉林油田 CO2 驱注采项目 | 中国石化 | 2008 | 驱油 | 300～400 吨/天 |
| 神华集团 CCS 示范工程 | 神华集团 | 2010 | 封存 | $1×10^5$ 吨/年 |
| 大庆油田先导试验 | 中国石化 | 1990 | 驱油 | — |
| 辽河油田先导试验 | 中国石化 | 2001 | 驱油 | — |
| 重庆合川双槐树电厂 CCS 示范工程 | 中国电力投资集团 | 2010 | 捕捉 | $1×10^4$ 吨/年 |
| 华能北京热电厂 CCS 示范工程 | 中国华能集团 | 2009 | 捕捉 | 3000 吨/年 |
| 华能石洞口第二电厂 CCS 示范工程 | 中国华能集团 | 2009 | 捕捉 | $1×10^4$ 吨/年 |

碳捕获技术主要包括燃烧前捕获、燃烧后捕获和富氧燃烧三种。燃烧前捕获指利用煤汽化或天然气重整将化石燃料转化为主要成分为一氧化碳和氢气的合成气体，进一步通过水煤气变换反应将合成气中的一氧化碳气体转化为二氧化碳和氢气，再将二氧化碳分离出来；燃烧后捕获指在燃烧设备（如锅炉、燃气轮机等）的烟气中捕获二氧化碳；富氧燃烧以纯氧为氧化剂，可以改善常规空气燃烧造成二氧化碳浓度较低的缺陷，燃烧产物主要为二氧化碳和水，再通过冷凝后的二氧化碳达到较高的浓度，有利于对其进行捕获。通常捕获的二氧化碳不会就地封存，而是运输到特定地点封存。管道运输是目前二氧化碳大规模运输的主要方式。在美国，每年有超过 40 兆吨的二氧化碳采用管道运输，运输里程超过 2500 千米。目前封存技术主要采用陆地封存，封存项目大多用于提高油气采收率，加拿大的韦伯恩 EOR 项目，就是通过把加压的二氧化碳注入油田储层中，以增加石油采收率。

CCS 技术虽然卓有成效，但有两大缺陷：一是该技术只能用于大型固定的二氧化碳排放源，例如，电厂或者水泥厂附近，对于交通运输和等其他行业及生物排放则无能为力，而 2015 年全球排放的 357 亿吨二氧化碳中，只有 54%来自大型固定排放源；二是 CCS 技术无法捕捉大气中已经存在的二氧化碳，但据测算，即使我们今天停止所有排放，大气中业已存在的二氧化碳排放所造成的气候变化仍将持续将近千年、升温将继续一百年。

## 02 Section 直接空气捕捉

自 1967 年在美国哈佛大学获得物理学博士学位后，Peter Eisenberger

博士先后在贝尔实验室、普林斯顿大学和斯坦福大学从事研究工作。20 世纪 80 年代，Eisenberger 在埃克森石油公司领导太阳能方面的工作，然后又在拉蒙特担任主管。这是一所位于加州的地球科学研究室，Eisenberger 在那里讲授一门历史悠久的研讨班课程，这个课程名为“地球或人类系统”。

在 2007 年的一次科技论坛上，Eisenberger 第一次听说了空气捕捉，这项技术最初是由纳粹科学家开发的，他们用液体吸着剂去清除潜艇中密集的二氧化碳。迄今为止，研发捕捉二氧化碳技术的科学家一直专注于在高密度的二氧化碳气体条件下的研究。但是在那些方程式中，Eisenberger 关注的却是另一个条件：温度。工程师先前曾使用胺来吸附烟气中的二氧化碳，当烟气从发电厂冒出来时温度大概是 70℃。紧接着就是分离胺和二氧化碳，也就是还原胺，这个反应温度一般在 120℃左右。相比之下，Eisenberger 计算出他的研究需要在 85℃左右进行，需要的总能量更少。它将使用相对廉价的蒸汽以期达成两个目的。蒸汽会加热胺表面，用二氧化碳驱离要收集的胺，同时把二氧化碳吹离胺表面。由于需要的热量管理设施比发电厂的烟囱中作用的胺需要的更少，洗涤器的设计可能更加简单，因此也更加便宜。Eisenberger 的团队利用这种方法从空气中获得的二氧化碳每桶只需 15 ~ 50 美元不等，而这取决于胺表面维持的时间长短。

准备了约一年之后，Eisenberger 开始去接触亿万富翁小埃德加 · 布隆夫曼，小埃德加非常看好该项目的发展前景，并为此项目投资了 1800 万美元。尽管实际上政府并没有为空气捕捉研究提供支持，但是亿万富翁的慷慨资助已经能够使这家公司建立自己的示范工厂。由于该设备已具有碳捕捉技术的经验，所以 Eisenberger 把示范工厂设在斯坦福。这个矩形塔使用气流装置在 10 英尺宽的接触器交替表面吸附空气。每台接触器都由 640 个内嵌胺吸附剂的陶瓷立方体组成。一台接触器被降下去的同时，这座塔就会使另一台接触器升高。在 85℃的条件下，这使得一个陶瓷立方体能从周围空气中收集二氧化碳，同时可通过蒸汽把另一个陶瓷立方体上的二氧化碳气体清除干净。目前阶段，气体仅仅是被排放出去，但是根据客户的需求它还可能被注入土壤，通过管道输送或者转移到化工厂用于工业。该公司面临的一个主要挑战就是胺吸附剂表面的坚固度。吸附剂一被氧化表面就容易快速脱落，而且在这个过程中经常更换吸附剂会使成本效益远远低于 Eisenberger 之前的预计。

2008 年，Eisenberger 和 Chichilnisky 决定创办一家企业以应对碳挑战。他们采用的技术能够清除大气中多余的二氧化碳，然后把它转化为燃料或者储存在地下。Eisenberger 解释道，他的实验室研究包含一种被称为胺的化学物质，这种物质已经被用于捕捉矿物燃料发电厂排放出的密集二氧化碳。这种基于胺的技术也显示了完成一项更加困难和宏伟的任务的可能性，这就是在二氧化碳含量万分之四的户外捕捉该气体。而发电厂烟囱的二氧化碳气体密度要比户外的二氧化碳气体密度高 300 倍之多。能源部的科学家也开始察觉到闲置在实验室的胺样本在室温条件下一直在吸附二氧化碳，这意味着 Eisenberger 的空气捕捉法至少是“可行的”。由于大多数能减轻二氧化碳浓度的技术只适用于二氧化碳排放浓度很高的地方，比如发电厂。但是可以安装在世界上任何地方的空气捕捉机只能处理 52%的二氧化碳排放，这些排放主要是由分散式的较小来源，比如汽车、农场、家庭。其次，即使空气捕捉变成一种可行办法，也只能逐渐减少大气中二氧化碳密度。由于二氧化碳排放量的加剧——现在排放增长率为每年 2%，为 20 世纪过去 30 年的两倍，科学家们开始认识到实现所谓的“负排放”的迫切性。众所周知二氧化碳会与胺结合反应生成一种叫做氨基甲酸酯的分子。但是二氧化碳仅是空气中 2500 个分子的其中之一。这意味着一台高效的空气捕捉机将需要推开经过胺身边的大量空气以寻找足够的二氧化碳结合在一起，然后还原胺去捕捉更多的二氧化碳。但这个过程将需要很多的能量，不是目前延缓气候变化的经济的可行办法。目前，一个成熟的价值高达数十亿美元的二氧化碳市场已经存在，这个市场现在是负责复原油井，生产碳酸饮料和工业温室中促进植物生长方面的业务。然而就减少或者即使是稳定大气中的二氧化碳浓度而言，空气捕捉的作用仍然只是九牛一毛。但是 Eisenberger 认为仅仅是捕捉烧煤发电厂排放的碳只会加重对高碳煤的依赖。

Eisenberger 坚持认为把大气中的碳吸附干净非常重要，而不是把注意力完全放在捕捉煤炭工厂排放的二氧化碳。2010 年，他研发了一项把空气和煤炭或燃气发电厂排放的烟气混合的技术。使用这种方法捕捉大气中碳和新的排放气体时，能够产生蒸汽。而且这种方法也能够通过提供更高密度的二氧化碳供机器捕捉以降低成本。这样一种应用对清除温室气体排放可能起到至关重要的作用，但是 Eisenberger 却提出了更加崇高的目标。此外，相关部门 2008 年授予他的一项专利产权中把空气捕捉技术描绘为——控制地球大气平均气温的全球恒温器。

## 03 Section　直接捕捉技术应用前景

目前直接空气捕捉技术的二氧化碳捕捉率能够达到 80%，根据加拿大碳工程（Carbon Engineering）公司给出的数据，该公司的一套直接空气捕捉系统，能够吸收 30 万辆汽车排放的二氧化碳。直接空气捕捉技术提供的高纯度的二氧化碳，后者在工业、农业等领域中有着广泛的用途。

## 1. 替代能源

近年来，全球面临着能源枯竭和环境污染的双重压力，寻找矿物燃料的替代品迫在眉睫，但替换矿物燃料并非一朝一夕的事，因此人工合成燃料成为过渡期的最佳选择。目前包括德国、美国、加拿大在内的多家研究机构都在研究把二氧化碳转化为燃料的各种方法，例如，用氢气处理二氧化碳生产出的甲醇、甲烷或甲酸。德国一家公司开发出一种“蓝色燃油”，这种燃油合成过程分为三步，首先用一种特殊的高温固体氧化物电解电池（SOEC）技术高温电解水蒸气生成氢气，然后将二氧化碳转换为一氧化碳，最后用“费托合成法”将一氧化碳和氢气合成碳氢化合物，从而合成出燃油。算上合成燃油时消耗的二氧化碳，这种工艺与使用化石燃料相比能减排二氧化碳 85%。诺贝尔化学奖获得者、南加利福尼亚大学化学系教授乔治欧拉率领科研团队，首次采用基于金属钌的催化剂，将从空气中捕获的二氧化碳直接转化为甲醇燃料，转化率高达 79%，相关研究成果刊登在最新一期的《美国化学学会杂志》上。

## 2. 石油开采

目前世界上大部分油田采用注水驱油开发，面临着提高采收效率和水资源短缺的问题，因此开发其他驱油技术迫在眉睫。近年来，研究人员将二氧化碳回注油气藏不仅可以解决二氧化碳封存问题，还可以提高油气开采率，从而达到环保与经济效益双赢的局面。二氧化碳是一种在油和水中溶解度都很高的气体，当它大量溶于原油中时，可以使原油体积膨胀，黏度降低 30%～80%，并且降低油水界面张力，有利于增加采油速度，提高洗油效率和收集残余油。二氧化碳驱油一般可提高原油采收率 7%～15%，延长油井生产寿命 15～20 年。与其他驱油技术相比，二氧化碳驱油具有适用范围大、驱油成本低、采收率提高显著等优点。

美国是二氧化碳驱油项目开展最多的国家，每年注入油藏的二氧化碳量约为 2000 万～3000 万吨，其中 300 万吨来自煤汽化厂和化肥厂的废弃。据国际能源机构评估，全世界适合二氧化碳驱油开发的资源为 3000 亿～6000 亿桶，我国现已探明的 63.2 亿吨低渗透油藏原油储量，尤其是其中 50%左右尚未动用的储量，二氧化碳驱油技术比用水驱油技术具有更明显的优势。可以预见，二氧化碳驱油技术将会改善我国油田开发效果，极大提高原油采收率。

### 3. 温室种植

二氧化碳是温室种植的重要生产原料，因为任何绿色植物都是通过光合作用生产有机物质的，光合作用的主要原料是水和二氧化碳，二者缺一不可。二氧化碳浓度升高能显著提高植物的光合作用效率，通常二氧化碳在空气中的含量比较稳定，一般为 0.03%～0.04%。但是在温室中栽培作物，生态环境是密闭的，室内外空气流通相对阻隔，设施内空气中的二氧化碳消耗后得不到及时的补充。白天，随着光合作用的加速，室内二氧化碳浓度急剧下降，甚至会降至二氧化碳补偿点（0.008%～0.01%）以下，植物几乎不能进行正常的光合作用，影响其生长发育，造成病害和减产。所以必须采用人工措施补充二氧化碳，满足作物光合作用的需求。通常国外通过燃烧天然气的方法增加温室中的二氧化碳，如果采用直接空气捕捉技术，将大大降低天然气的消耗。

# 04 Section 直接捕捉产业发展

## 1. 政策导向

碳捕获利用与封存技术可减少大气中的碳排放，有利于减缓气候变化和实现碳减排目标，该类技术的研究、示范与推广应用也引起各界关注。从目前发展情况看，该类技术出现分化：一类为碳捕获利用技术，另一类为碳捕获封存技术。其中碳捕获利用技术取得了较好的经济效益和环境效益，应用前景较好。但碳捕获封存技术面临技术、成本及环境等多重难题，需要综合各方因素进行可持续发展。2014 年 11 月中美双方在北京发布应对气候变化的联合声明，美方首次提出到 2025 年温室气体排放较 2005 年整体下降 26%~28%，中方承诺到 2030 年左右碳排放到达峰值，并将于 2030 年将非化石能源在一次能源中的比例提升至 20%。同时，双方决定成立中美清洁能源研究中心，促进双方在碳捕捉和封存技术方面的合作。2015 年 3 月李克强总理在十二届全国人大三次会议中指出将年内二氧化碳排放量降低 3.1%以上，同时加强新《环保法》执行力度。2016 年 3 月。《国家十三五规划纲要》进一步提出了能源气候方面更高要求的目标指标：单位 GDP 能源消耗年均累计下降 15%，单位 GDP 二氧化碳排放年均累计下降 18% 。2016 年 4 月，《巴黎协定》高级别签署仪式在纽约联合国总部召开，175 个国家领导人出席。《巴黎协定》提出了 2020 年后全球应对气候变化、实现绿色低碳发展的蓝图和愿景，以实现在 2100 年之前将全球平均气温较工业化前水平的升高幅度控制在 2℃范围之内。国家主席习近平特使、国务院副总理张高丽代表中国签署了这一协定，并表示中国政府在全球气候治理体系中一直是责任担当，积极推动达成和加快落实《巴黎协定》。可以预见，随着国内外环保领域立法的不断完善，未来将给直接空气捕捉技术带来广阔的市场空间。

## 2. 产业规模

目前直接空气捕捉技术仍处于研发阶段，相关公司资金多来自企业或个人投资者，政府投资相对较少，配套的产业链尚未形成。如果从潜在市场需求角度分析，不考虑采集成本，由于直接空气捕捉（DAC）技术可以处理半数以上的二氧化碳排放及大气中已存在的二氧化碳，与传统的碳捕捉与封存（CCS）技术是一种强有力的互补关系，其未来产业规有望与碳捕捉与封存技术相当。而据国际能源署（IEA）2010 年发布的报告，到 2020 年，全球碳捕捉与封存项目数量将达到 100 个，需投资 1300 亿美元，包括中国和印度共 21 个，需投资 190 亿美元。到 2050 年，项目数量将达到 3400 个，需投资 5.07 万亿美元，包括中国和印度共 190 个，需投资 1.17 万亿美元。

此外，随着全球范围内碳交易市场的陆续壮大，直接空气捕捉技术将进入发展的黄金时代。碳交易是为促进全球温室气体减排，减少全球二氧化碳排放所采用的市场机制。1997 年联合国气候变化框架公约第三届缔约国会议，通过具法律约束力的《京都议定书》，议定书提供了把市场机制作为解决二氧化碳为代表的温室气体减排问题的新路径，即把二氧化碳排放权作为一种商品，从而形成了二氧化碳排放权的交易，简称“碳易”。2005 年全球首个主要的碳排放权交易系统（ETS）投入运营，即欧盟排放交易系统（EU ETS）。至 2015 年已经有遍布四大洲的 17 个碳交易系统相继出现，所覆盖的地区 GDP 总量已占全球 GDP 的 40%，交易额超过 500 亿美元。我国碳交易市场起步相对较晚，但潜力巨大。2011 年 10 月国家发展改革委印发《关于开展碳排放权交易试点工作的通知》，批准北京、上海、天津、重庆、湖北、广东和深圳等七省市开展碳交易试点工作。2013 年我国首家碳交易所正式成立，截至 2015 年 9 月 7 家碳交易所累计成交总量约为 4209 万吨二氧化碳，累计成交总金额约为 2 亿美元。按计划 2017 年将启动全国碳交易市场，届时有望成为全球最大的单一碳交易市场，市场规模总量达到 1000 亿元。

### 3. 成本问题

直接空气捕捉（DAC）的成本在很大程度上影响了利用空气中二氧化碳的可行性。目前采用碳捕捉与封存（CCS）技术从燃煤发电厂获取 1 吨二氧化碳的成本约为 30 美元，而直接空气捕捉技术发展较快的加拿大碳工程公司乐观估计正式大规模生产后成本仍接近 100 美元。

相对于碳捕捉与封存，直接空气捕捉的二氧化碳浓度远小于烟道中的二氧化碳浓度。以天然气为燃料的发电厂烟道气中的二氧化碳浓度约为 3%～5%，以煤炭为燃料的发电厂烟道气中二氧化碳浓度高达 10%～15%，是空气中二氧化碳浓度的 100～300 倍。两种捕集技术都是采用吸收剂的原理，由于二氧化碳浓度相对高很多，烟道气需要的吸收剂活性不需要太强，捕集系统的尺寸也比空气捕集需要的小很多。空气捕集的优点在于不需要将处理后的空气中的二氧化碳全部捕集，只需保持效率，而碳捕捉与封存若要达到碳零排放目标，必须对烟道气中所有的二氧化碳进行捕集。此外碳捕捉与封存设施的规模需要与现有发电厂的规模相匹配，而碳捕捉与封存则不需要考虑这一点。

直接空气捕捉（DAC）虽然在二氧化碳采集方面成本较高，但在采集来的二氧化碳利用方面更具经济优势。碳捕捉与封存（CCS）项目选址需要综合考虑运输问题，包括发电厂所需燃料的运输、产生的电能的运输、所捕集的二氧化碳运输封存等。目前长距离输运大量二氧化碳最好的办法仍采用管道运输，由于其技术成熟，成本基本固定，每吨二氧化碳运输每 250 千米成本约为 6 美元。直接空气捕捉则不同，其工厂可以直接建在封存点，从而省去了庞大的交通运输成本。

2016 年 4 月签署的《巴黎协定》中，二氧化碳排放居前四的中国、美国、俄罗斯、印度四国每排放一吨二氧化碳需要支付的价格分别为 47 美元、96 美元、13 美元和 51 美元，只有美国接近直接空气捕捉的成本，如果不能将采集到的二氧化碳转化为商业利润，那么这一成本将很难令人接受。

### 4. 相关产业组织

瑞士的 Climeworks 公司 2009 年自苏黎世联邦理工学院衍生成立，愿景是成为二氧化碳的领导供应者。该公司位于苏黎世附近的工厂每月可捕捉 75 吨二氧化碳，捕捉到的气体则卖给附近的温室，提高作物的生长率。同时该公司目前正与德国奥迪汽车合作，开设以二氧化碳、水、电为原料的 E 柴油（e-diesel）工厂，研发干净的替代能源。

加拿大的碳工程（Carbon Engineering）公司 2009 年由美国哈佛大学气候专家戴维·基思创办而成，获得美国微软公司创始人比尔·盖茨等多名投资者的支持。这家公司正在研究如何利用巨型风扇从空气中提取碳并制成可供飞机、汽车使用的燃料。该公司的试点工厂已于2015年6月投入运行，计划利用试点工厂的运行数据，在2017年设计出第一家能够投入商业运行的工厂，且建厂成本不超过2亿美元，乐观估计2018年该公司将能销售用空气中提取的二氧化碳合成的清洁燃料。

# 第19章
# Chapter 19
# 未来图景

# 01 Section 设想未来的某个场景

早上醒来，房间的光线慢慢变亮。眼睛逐步适应后，窗帘自动开启。望向窗外，空气异常洁净。今天穿什么衣服呢？大脑感应器得到我们的疑问，面前立即呈现出我们穿上各种衣服的立体图像。就这件红色 T 恤和黑色裤子吧。衣柜自动分检出所需的衣物。洗漱完毕后，下楼沿着小区内的公园散步，呼吸一下新鲜的空气，感受一下鸟语花香，心情变得美妙起来。散完步，想起还没吃早餐。此时，我们的智能厨房感受到了脑中的呼唤，提供今天可供的早餐图像。在选定早餐后，回到家中，门口的自动识别系统做出主人归来的判断之后，自动打开大门。等候在门口的阿蒙（机器人）已经把拖鞋放在了脚边。穿上拖鞋，走到餐桌旁边坐下，早餐已经做好，阿蒙把碗筷摆放整齐。吃早餐的同时，我突然想看看今天的新闻。电视听到我的指令，自动跳出新闻频道，播放早间新闻。新闻中提到中国通过基因编辑，生产了一种新口味的桃子。基因编辑？这是什么技术，正在我疑惑之际，电视侧面弹出一个新的屏幕为我立体呈现出了基因编辑技术的原理、进展和应用。

吃完早餐，我想去拜访一下我的同学李亮，他最近正在研究如何实现与远在火星上的舅舅瞬时通话。我通过网络通话系统接通了李亮，我面前立刻呈现出李亮的身影，我俩面对面（虚拟的李亮）的讨论了一下各自的近况，并约定到梦幻咖啡馆见面。出门的时候，我呼叫了滴答出租公司。当我走出门后，一架无人机停在我面前，我登上了无人机后，说到梦幻咖啡馆，无人机立刻给我呈现出了梦幻咖啡馆的图景，我点了点头后，无人机关闭舱门，平稳起飞，几分钟后，我已经到了梦幻咖啡馆的门口。门口的美女机器人小茜将我带到我预约的座位，李亮竟然已经坐在那里喝上泡好的咖啡了。在我惊讶之余，李亮告诉我，他订购的瞬时移动太空舱刚到货，不但可以在太空中使用，还可以在地球上使用，速度超快，但是会有点失重的感觉。那它使用的是什么电池？李亮说好像是一种比核能还高密度的能源电池。一个纽扣大小的电池能用好几个月呢！李亮问我，想喝点什么？我朝小茜眨了眨眼，她立刻微笑地走过来，并向我呈现出各种口味的咖啡立体图像，我指了指其中的一种，立刻飘来这种咖啡的味道，还不错！我点了点头，小茜很快把我要的咖啡端了过来。李亮说，最近有人破解了区块链技术，能够窃取账户中的电子货币，你可要小心啊！这也太可怕了！我赶紧查看了自己的账号，还好，钱还在。我说，如果使用量子加密技术，那就不能被破解了。喝完咖啡后，全球支付系统已经自动从我的账户中扣除了咖啡的费用。

走出咖啡馆，我俩来到了星球作战体验中心，来一场同外星人的作战体验。我和李亮一起手拿激光束，同一个虚拟外星人展开了搏斗。大汗淋漓后，终于战胜了对手……我们休息了一会儿，李亮说，高中时候咱们班的王大锤前段时间用会飞的滑板做极限运动时，手臂和肝脏受损，正在接受治疗，要不我们去医院看看他？我说好啊。于是，我们来到医院，在康复室找到了王大锤。他已经移植了用自身细胞培育的肝脏，手臂也安装了外骨骼机器人。精神矍铄，一点不像受伤的样子。王大锤给我们介绍了现代医疗的方便性。医生在医疗机器人的辅助下，可以很准确地定位受伤部位，并采用可视化技术进行微创手术，对受伤部位进行修复。看来以后不用怕手术了。正聊着的时候，我的公司老总与我视频通话，布置了这段时间的工作任务。我旋转了一下我衣服上的一个纽扣，空中出现了我的办公屏幕，李亮和大锤与我一起对我的设计方案进行了讨论，然后关闭了电脑。我和李亮告别了大锤，一起去参观了国家远古动物园。这里的动物都是提取早已灭绝的远古动物的 DNA，重造的生物。有的甚至对基因进行了改变，形成了新的生物……

## 02 Section 人类的想象关乎未来

这些场景真的会出现吗？有可能，笔者认为这是未来生活的一部分。回头看看，我们今天的日常生活比 100 年前科幻小说描述的还要奇幻。过去电影、小说里的场景，几年或者几十年、几百年后变成了现实。那也不可否认，今天的想象也将成为明天的现实生活。至于原因，不知是人类的想象力太丰富，还是需求必然带动技术的发展，还是技术必然用来解决人类的需求。总之，技术是人类大脑的集体智慧，它是否也有自己发展的规律？这种发展和人类的想象是否有某种关联？

就像人口可以根据出生率、死亡率、人口基数预测一样，科技对未来生活的改变也可以根据科技的生命周期和投资变化率进行预测。人口变化也是科技发展的因素之一。到底谁决定谁，我们不去深究，我们只是描绘未来最可能的情景。人脑是一个复杂工程，我们想象科技的未来，中间可能运用了各种方法，只是这样的运算过程并不能清楚地体现出来，我们大脑给出的只是推导结果。本书中预测的大部分科技已经开始实现，或在短期内能够实现，是看得见、摸得着的，而其他则需要长期探索才能实现，这其中既包含科技预测，也包含科技应用预测。

# 参 考 文 献


[1] 李锋. 混合现实技术在科普展示中的应用[N]. 科技创新导报，2011, 03, 11.

[2] 王海丰，张鲲. 基于 Gabor 特征的贝类图像分类识别算法研究[J]. 新型工业化，2016，6（2）：59-62.

[3] 秦梦琪. VR 的资本布局：一场说来就来的产业风暴[N]. 齐鲁周刊，2016, 02, 01.

[4] Chnydy. VR 产业链分析报告[Z]. 今日头条，2016, 03, 17.

[5] 程岳. 基于光度立体的高质量表面重建研究[D]. 浙江大学博士论文，2013（4）.

[6] 梅玉龙. 应急演练计算机三维模拟系统研究[J]，中国安全生产科学技术，2012（4）.

[7] Oculus 正式发布虚拟现实眼罩：将推出手柄[OL]. 新浪科技，http://tech. sina. com.cn/it/doc-ifxczqap3957306.shtml. 2015, 06, 12.

[8] 微软全息眼镜 HoloLens 如何引领技术浪潮[OL]. 网易科技，http://tech. 163. com/15/0126/08/AGSEJ3CP00094P0U_all.html. 2015, 01, 26.

[9] 艾媒咨询. 2015 年中国虚拟现实行业研究报告[OL]. 艾媒网，http://www.iimedia.cn/39871.html. 2015, 12, 22.

[10] 佚名. 2015 年 Q2 虚拟现实和增强现实（AR/VR）报告[OL]. http://www.wtoutiao.com/p/W6fNwV.html. 2015, 11, 03.

[11] 吴茜媛，郑庆华，王萍. 一种网络用户兴趣智能感知建模方法[J]. 新型工业化，2014，4（9）：39-43.

[12] 赖俊森，赵文玉. 量子通信技术应用前景广阔[J]. 人民邮电，2015, 07, 02.

[13] 佚名. 中国突破微小型原子自旋陀螺仪技术. http://www.jixiezb.c. 2016, 03, 31.

[14] 佚名. 最新实验宣告爱因斯坦隐变量理论出局. 中药师，http://blog.sina.com. 2015.

[15] 佚名. 量子计算机：决战 21 世纪的利器. http://big5. xinhuane. 2012.
[16] 刘恕. 量子计算机：到底有多神奇[N]. 科技日报，2015, 12, 24.
[17] 李倩. 探索量子计算的奇妙世界[N]. 浙江日报，2015, 08, 05.
[18] 粟倩. 基于量子密码算法的安全通信方案研究与设计[D]. 中南大学硕士论文，2012, 05.
[19] 宗华. 基因编辑工具 CRISPR“动物园”欢迎你[N]. 中国科学报，http://news. bioon. co，2016, 03, 21.
[20] 管晓楠. “基因敲除狗”是怎么造出来的. http://news. youth. cn. 2015, 10, 27.
[21] 佚名. “基因剪刀”怎么切才安全[N]. 中国科学报，http://news. bioon. co，2016, 02, 23.
[22] Amy Maxme，雨西. 创世引擎：简易的基因编辑技术正在重塑世界[J]. 连线，[时间不详].
[23] 佚名. 中国学者研发出国际一流基因编辑技术. http://www. chemall. c 2016, 05, 10.
[24] 佚名. 曹雪涛院士谈精准医学[J]. 人人健康，2015, 04.
[25] 刘霞. CRISPR/Cas9 技术，路在何方[N]. 科技日报，2015, 08, 25.
[26] 佚名. 机器人的新定义. http://www. chinadail. 2015.
[27] 戴青. 基于遗传和蚁群算法的机器人路径规划研究[D]. 武汉理工大学硕士论文，2009, 05.
[28] 樊创佳. 工业机器人技术与产业发展的春天[J]. 电器工业，2013, 07.
[29] 詹乔乔. 机器人时代[J]. 机电一体化，2009, 08.
[30] 谷燕子. 移动机器人路径规划技术研究[D]. 河南科技大学硕士论文，2011, 05.
[31] 王田苗，陶永. 我国工业机器人技术现状与产业化发展战略[J]. 机械工程学报，2014, 05.
[32] 罗伯特·霍夫（Robert D. Hof）. 2014 年全球十大突破技术：高通的神经形态芯片[DB/OL]，2014, 05, 25.
[33] Semi. 神经形态芯片：仿生学的驱动力[J]. 集成电路应用，2014, 10.

[34] Nicola Jones. Computer science: The learning machines[J]. Nature, 2014, 01.

[35] Steve Furber, Francesco Galluppi, Steve Temple, Luis A. Plana:TheSpiNNaker Project. 652-665, Volume 102, Number 5, May 2014.

[36] Alessandro Canopoli, Richard H Hahnloser, Anja T Zai Lesions of a higher auditory brain area during a sensorimotor period do not impair birdsong learning, Matters, 2016.

[37] BRAIN 2025, A SCIENTIFIC VISION, Brain Research through Advancing Innovative Neurotechnologies (BRAIN) Working Group Report to the Advisory Committee to the Director[DB/OL]. 2014, 06.

[38] HRL Laboratories, Center for Neural & Emergent System [DB/ OL]. http://www. hrl. com/laboratories/cnes/cnes_main. html.

[39] Juncheng Shen, De Ma, Zonghua Gu. a Neuromorphic Hardware Co-Processor based on Spiking Neural Networks[J]. SCIENCE CHINA Information Sciences, 2016(2).

[40] Audience Company [DB/OL]. http://www. audience. com.

[41] Intel Reveals Neuromorphic Chip Design [DB/OL]. http://www. technologyreview. com/ view/428235/intel-reveals-neuromorphic-chip-design. 2012, 06.

[42] Qualcomm. Introducing Qualcomm Zeroth Processors: Brain- Inspired Computing，Qualcomm’s Neuromorphic Chips Could Make Robots and Phones More Astute About the World [DB/OL]. https://www. qualcomm. com/ news/onq/introducing-qualcomm-zeroth-processors-brain-inspired-computing. 2013, 10.

[43] Robert F. Service，minds of their own[J]，Vol. 346, Issue 6206, pp. 182-183,DOI: 10. 1126/science. 346. 6206. 182, 2014, 10.

[44] Markets-and-Markets, Neuromorphic Chip Market by Application (Image recognition, Speech Recognition, Data Mining), End-User Industry (Aerospace, Defense & Military, Medical, Industrial, Automotive, Consumer), and Geography-Global Forecast & Analysis to 2016-2022[DB/ OL],

MarketsandMarkets，2015, 09.

[45] 杨爱玲，于洪伟，郑灿辉. 关于轻型无人机航摄影像的质量探讨[J]. 测绘与空间地理信息，2011, 04.

[46] 佚名. 技术革命引爆新一轮千亿盛宴. http://robot.ofweek.com/2014-10/ART-8321204-8500-28894282. html. 2014, 10, 24.

[47] 佚名. 除了电影和玩具无人机还在改变着哪些生意. http://uav.huanqiu.com/yyc/2015-05/6499210. html. 2015, 05, 22.

[48] 张劲. 打造飞翔的“千里眼”——山东电研院无人直升机巡线系统研制侧记[J]. 国家电网，2010, 10.

[49] 冯福章. http://finance. sina. com. cn/stock/hyyj/20140916/110920305382. shtml. 2014, 09, 16.

[50] 大疆之后无人机的下一个爆点在哪儿. http://tech.sina.com.cn/it/doc-ifxknius9703786. shtml. 2015, 11, 06.

[51] 赵振国. Mean-Shift 算法的优化策略研究[D]. 杭州电子科技大学硕士论文，2014.

[52] 林莉君. 自动驾驶商业化还需迈过几道坎[N]. 科技日报，2014, 07.

[53] 佚名. 自动驾驶临界点：最少五年，最多十年. http://www. autoinfo. 2015, 12, 09.

[54] 孟海华，江洪波，汤天波. 全球自动驾驶发展现状与趋势（上）[J]. 华东科技，2014, 09.

[55] 佚名. 长安无人驾驶首测完成. http://www. jixiezb. com. 2016, 04, 25.

[56] 佚名. 特斯拉空中升级 7.1 系统，新增遥控召唤、垂直泊车新功能. http://www. autoinfo. 2016, 01, 14.

[57] 佚名. 区块链技术：颠覆式创新[D]. 申万宏源证券研究报告，2016, 03.

[58] 佚名. 区块链——用技术为互联网金融驱“魔”[J]. 中国总会计师，2015, 12.

[59] 杰里米·里夫金. 第三次工业革命[M]. 张体伟，孙豫宁，译. 北京：中信出版社，2012.

[60] Manar Jaradata. The Internet of Energy: Smart Sensor Networks and Big

DataManagement for Smart Grid[J]. Procedia Computer Science 56 (2015) 592-597.

[61] 陈阿平. 从智能电网到能源互联网及对宝钢电能使用的启示[J]. 宝钢技术，2015, 10.

[62] Cao J, Hwang K，Li K. Optimal Multiserver Configuration for Profit Maximization in Cloud Computing[J]. IEEE Trans. Parallel and Distributed Systems, Special Issue on Cloud Computing, 2013,24(6), 1087-1096.

[63] 竹内弘高，野中郁次郎. 知识创新的螺旋：知识管理理论与案例研究[M]. 李萌，译. 北京：知识产权出版社, 2006.

[64] Jianguo Zhou. A Hierarchical Cluster Synchronization Frameworkof Energy Internet[J]. IEEE ICIEA,2015,1986-1991.

[65] 曹军威. 能源互联网大数据分析技术综述[J]. 南方电网技术，2015, 11.

[66] 曹军威. 分层分级发展能源互联网[J]. 视点，2015.

[67] Alex Q. Huang et al. The Future Renewable Electric Energy Delivery and Management (FREEDM) System: The Energy Internet, Proceedings of the IEEE 99(1)(1):133-148, 2011, 02.

[68] 曹寅. 中国能源互联网之路白皮书[J]. 电器工业，2015, 07.

[69] 柴麒敏. 互联网+能源的大众革命[J]. 中国经济信息，2015, 05.

[70] 华鹏伟. 能源互联网:商业模式是关键[J]. 风能，2015, 03.

[71] 曹宏源. 开放性是能源互联网的本质[N]. 中国电力报，2015, 05.

[72] Gartner. Top 10 Strategic Technology Trends for 2016[DB/OL]. http://www. gartner. com/technology/research/top-10-technology-trends. 2015.

[73] 佚名. AnttiEvesti and EilaOvaska,Comparison of Adaptive Information Security Approaches [J]. ISRN Artificial Intelligence, 2013.

[74] Gabriel Lowy. A Prioritized Risk Approach to Data Security[DB/ OL]. https://icrunchdatanews.com/prioritized-risk-approach-data-security. 2016, 01.

[75] Olive, Neil. Five Characteristics of an Intelligence-Driven Security Operations Center[DB/OL]. Gartner market report, 2015.

[76] Neil MacDonald, Peter Firstbrook. Designing an Adaptive Security Architecture for Protection From Advanced Attacks[DB/OL], 2014, 02.

[77] Dobb. SIEM: A Market Snapshot[DB/OL]. 2. http://www.drdobbs.com/siem-a-market-snapshot/197002909.2007.

[78] 王培. IDC：中国信息安全市场现状与未来展望[DB/OL]. 2015.

[79] 程时杰，陈小良，王军华，文劲宇，黎静华. 无线输电关键技术及其应用[J]. 电工技术学报. 2015.

[80] 路劲松. 无线电力传输技术的基本原理与应用前景[J]. 科技致富向导，2012.

[81] 李宏. 感应电能传输——电力电子及电气自动化的新领域[J]. 电气传动，2001.

[82] 邹巍. 无线充电, 开启通信“无尾时代”[J]. 上海信息化，2013.

[83] 陈远. 3D 打印技术——上上个世纪的思想，上个世纪的技术，这个世纪的市场[EB/OL]. http://blog. sina. com. 2016, 06, 14.

[84] 黄卫东. 如何理性看待增材制造（3D 打印）技术[J]. 新材料产业，2013, 08.

[85] 王德花，马筱舒. 需求引领创新驱动——3D 打印发展现状及政策建议[J]. 中国科技产业，2014, 08.

[86] 杨恩泉. 给我一个 3D 打印机还你一架喷气式飞机[J]. 军工文化，2013, 05.

[87] 叶纯青. 3D 打印迎来首个“国家计划”[J]. 金融科技时代，[时间不详].

[88] 刘子铭，李东辉. 国内海洋能发电技术发展研究及合理建议[J]. 化工自动化及仪表，2015.

[89] 刘建强. 海洋能：诱人的开发前景[N]. 北京日报，2014, 06, 11.

[90] 百度文库. 新能源技术课程论文. http://wenku. baidu. c.

[91] 杨克平. 海洋能源概述[J]. 技术经济，1983, 12.

[92] 麻常雷，夏登文. 海洋能开发利用发展对策研究[J]. 海洋开发与管理，2016, 03.

[93] 殷克东，张栋. 海洋能开发对社会经济影响的评价指标体系研究[D]. 中国海洋大学学报（社会科学版），2012, 09.

[94] 付文莉. 可再生能源,未来能源之星[J]. 电源技术，2008, 09.
[95] 朱彧. 我国海洋能总体发展形势良好[N]. 中国海洋报，2014, 05, 29.
[96] 唐晓伟. 自主海洋能装备呼声渐高[N]. 中国船舶报，2014, 06, 06.
[97] 刘堃. 我国海洋产业发展方兴未艾[N]. 中国海洋报，2015, 07, 15.
[98] 本刊讯. 国家海洋局：我国海洋能总体发展形势良好，农产品市场周刊[N]. 2014, 06, 12.
[99] 殷克东，黄杭州. 海洋能开发对社会经济影响的评价研究[D]. 中国海洋大学学报（社会科学版），2014, 01.
[100] 言惠. 太阳能——21 世纪的能源[J]. 上海大中型电机，2004, 12.
[101] 陈曦梅. 防止全球变暖的发电技术简析[J]. 企业家天地，2011, 08.
[102] 朱永强，段春明，叶青，郭文瑞，路宽，王鑫. 国内外海洋能发电测试场研究现状[D]. 上海海洋大学学报 2014, 03.
[103] 刘镒. WiFi 无线上网[OL]. http://blog.sina.com.cn/s/blog_ 8b6956ac01017mz2.html. [时间不详].
[104] 刘文新. 免费 WiFi 公交上路[N]. 中国消费者报，2013, 01, 07.
[105] 于兴晗，郭易，侯煜，盖优普. 水利水电自动化数据采集器的 WiFi 技术应用研究[D]. 中国水力发电工程学会信息化专委会、水电控制设备专委会 2013 年学术交流会论文集，2013, 09.
[106] 张莉莉. 何谓 WiFi[J]. 大众用电，2013, 11.
[107] 佚名. 谷歌或将在全美测试热气球网络计划. http://blog.sina.com. 2015, 12, 01.
[108] 佚名. 谷歌曝新计划：用太阳能无人机部署 5G 网络. http://www. csia. net. 2016, 02, 02.
[109] 佚名. Facebook 的无人机 VS 谷歌的热气球. http://it. gansudaily. 2014, 07, 30.
[110] 佚名. 高空争夺战:谷歌为什么要买泰坦航空. http://blog.sina.com. 2014, 06, 09.

[111] O3b 和 Digicel 庆祝在萨摩亚一年来的爆发式增长. http://tech.china.com. 2015, 11, 07.

[112] 徐霞. 无线 WiFi 网络下的安全思考[J]. 通讯世界，2015, 03.

[113] 佚名. 石墨烯的应用开发与广阔前景[J]. 决策与信息，2015（12）.

[114] 佚名. 石墨烯，电子科技的一个变革[J]. 集成电路应用，2015, 03.

[115] 佚名. 石墨烯产业“黑金子”曙光初现[J]. 电子工业专用设备，2014.

[116] 康永. 我国石墨烯产业发展现状及趋势[J]. 上海涂料，2015, 02.

[117] 佚名. 石墨烯技术产业现状及发展建议, 情报探索，2014.

[118] 佚名. 石墨烯材料、器件与电路的研究现状[J]. 微纳电子技术，2015.

[119] 佚名. 中国石墨烯产业发展政策动向及趋势[J]. 上海建材，2015.

[120] 佚名. 我国石墨烯产业上市公司发展现状[J]. 新材料产业，2015.

[121] 佚名. 石墨烯产业化进展及发展建议[J]. 石油化工应用，2015.

[122] 佚名. 石墨烯涂料产业发展现状及未来趋势[J]. 乙醛醋酸化工，2015.

[123] 高玉冰，宋旭娜，王可. 高度关注碳捕获与封存技术潜在环境风险[J]. WTO 经济导刊，2011, 07.

[124] 王新. 我国碳捕获与封存技术潜在环境风险及对策探讨[J]. 环境与可持续发展，2011, 10.

[125] 埃利·金蒂希. 当真能拯救世界, 把空气中的二氧化碳给吸收了吗[J]. 科技创业，2014, 10.

[126] 郑宁来. 德国开发出“蓝色燃油”[J]. 石油炼制与化工，2015, 08.

[127] 汪巍. 二氧化碳封存背后的石油价值[J]. 能源，2014, 02.

[128] 朱益飞. 大石油公司开发利用二氧化碳资源[J]. 石油和化工节能. 2009, 03.